鉛フリーはんだ付け入門

Introduction to Lead-free Soldering

菅沼 克昭 著

大阪大学出版会

はじめに

　「はんだ」は、青銅器時代に遡る長い歴史を持つ接続材料であり、かつ、今日のエレクトロニクス機器の電気接続には欠かせない基盤となる材料である。従来は、すずと鉛の共晶合金であったが、環境対応のための鉛フリー化が20世紀の最後に実現し、現在市販されている機器のほとんどが、すず－銀－銅を中心とする鉛フリーはんだに換わり実装されている。一方、従来から市場における電子・電機機器の故障原因は、主に接続部分にある。今日の機器の信頼性には、20年にまで及ぶ長期保証が求められ、さらに、エレクトロニクス化が進む車載機器では、はんだ付けに対して従来に無い高信頼性化が必要とされる。このように、技術者ばかりでなく世の中のはんだに対する考え方が大きく変わったことで、はんだ付け技術の位置づけの変化が訪れ、より深い理解に基づいたはんだ付け実装のコントロールと理解が必要になってきたと言えるだろう。

　2000年前後の鉛フリー製品の実現の当初は、どのメーカーでも予期せぬことが起きはしないかときわめて慎重に実用化を進めていた。それまでまったく気にしなかった製品の微細接続部分を全製品検査し、針の先ほどの欠陥（実際それほどの欠陥の大きさであるのだが）も見落とさないように努めてきた。これは、鉛フリー化においてばかりでなく、新技術を実用化する場合には当然のことではあったろう。ある鉛フリー実装の先進企業の例では、鉛フリー化することによって格段の生産歩留まり向上と、市場投入後の故障率の低減を果たしたことが公表された。まさに、鉛フリー化によって、プロセスの見直しが行われ、歩留まりの向上と安定化、さらに実装の信頼性が格段に改善されたためである。つまり、鉛フリー化への予期せぬ故障に対する製品管理を厳しくした効果が現れたものである。反対に言うと、これまでの鉛入りはんだでは実装マージンが大きく取れることもあり、それほど行程の管理に気を遣わなかったことを意味するのだろう。すずという金属自体、実はほとん

どその特性が理解されていなかったと言えるだろう。

　鉛フリー実装の普及とともに、実際に予期せぬ課題も浮かび上がってきている。すでに、リフトオフや凝固割れはメカニズムも理解され、ある程度の対策も可能になっている。最近話題になった課題としては、ウィスカの問題や、よりパワーを必要とする実装形態への適用で生じるエレクトロマイグレーションなどが代表的なものであろう。ウィスカの問題は、1950年代から、世界中で電話交換機をはじめとした多くの市場故障を起こしてきたが、2000年以降の研究により、ようやくその概要が理解されはじめた。鉛フリー化とは別に、深刻な機器故障も報告されている。たとえば、ニッケル－リン無電解めっきは高信頼性部品や基板表面処理で多用されているが、世界中で市場故障を引き起こす「ブラックパッド」の要因にもなる。最近の研究により、この現象の発生メカニズムにはめっき浴管理の悪さとリフロー条件の悪さの2点があることが分かってきた。基板の安価さばかりを求めると意外な落とし穴に陥ることがある。

　はんだ付けの歴史は長く、少なくとも5,000年に及ぶと言われる。それは、長い間、学問的基礎の支えがないままに成長してきた「低温の簡単な」接続技術であった。近年になり、機器の飛躍的な成長とともに接続に高度な信頼性が要求される時代になり、これが真に付加価値を求める物造り技術の基盤になりつつある。はんだ付けの鉛フリー化は、ノウハウの蓄積には多大の労力を要したが、実装の高付加価値化に大きな拍車を掛けてくれた。むしろ、21世紀の新たな時代に対応した技術へ大きく踏み出すために、信頼性の重要さを再認識するためにグッドタイミングであったと言えるだろう。

　このような背景の中で、鉛フリーはんだ付けの基礎と信頼性に焦点を当てて本著を執筆する機会を得られたことは、幸運と感じている。本書では、第1部の第1章から第6章までをはんだの基礎を理解するための導入とし、第7章ではプロセスを紹介し、後半の第2部で実装の信頼性にかかわる各種事項をまとめた。信頼性については、付加価値の高い実装を実現するために、本書の半分近くを割いている。本書は、筆者が以前にまとめた『はじめてのはんだ付け技術』、および、『はじめての鉛フリーはんだ付けの信頼性』（いずれも工業調査会）をまとめ、新たに解明された事象を盛り込んだ内容とした。

はんだ付けにかかわる科学の発展途上であるため、本書で完結できない現象も多く残っているが、どうかご了承頂きたい。それぞれの章を独立にお読み頂いても中身が理解できるように、できるだけ配慮はしているので、ご自由に読み飛ばして頂いて良いと思う。

　最後になったが、本書を執筆するに当たり良い機会を与えてくださり、最後まで遅々として進まぬ執筆に実に辛抱強くお付き合い頂いた大阪大学出版会の栗原佐智子氏には、深く感謝したい。また、本書を執筆するに当たりデータの使用を快くご許可頂いた諸氏には、心よりお礼を申し上げる。また、私の研究室の諸氏にも、普段の協力に感謝したい。本書が、現場での鉛フリーはんだ付けの理解や信頼性向上や、これから鉛フリーはんだ付けに取り組もうとする技術者や研究者の皆様に少しでもお役に立てれば、誠に幸いと感じる次第である。

　　平成 25 年 5 月吉日

菅沼克昭

目　次

はじめに …………………………………………………………………… i

第1部　鉛フリーはんだ付けの基礎と実践 ………… 1

第1章　はんだ付けの歴史 …………………………… 3
 1.1　はんだの始まり　　3
 1.2　日本のはんだ付けの歴史　　6
 1.3　はんだは鉛フリーの時代へ　　8

第2章　はんだの状態図と組織 …………………… 13
 2.1　はんだの種類と状態図　　13
  2.1.1　はんだの種類と標準　　13
  2.1.2　はんだ状態図の見方　　15
 2.2　Snペスト　　19
  2.2.1　Snペスト現象　　20
  2.2.2　合金元素の効果　　21
  2.2.3　加工の影響　　24
  2.2.4　Snペストは起こり得るか　　25

第3章　鉛フリーはんだの組織 …………………… 27
 3.1　Sn-Ag系合金の組織　　28
  3.1.1　Sn-Ag2元合金　　28
  3.1.2　Sn-Ag-Cu3元合金　　31
  3.1.3　Sn-Ag-Bi3元合金　　37
  3.1.4　Sn-Ag-In系合金　　40
 3.2　Sn-Cu系合金の組織　　41
 3.3　Sn-Bi系合金の組織　　44

3.4　Sn-Zn 系合金の組織　47
3.5　Sn-Sb 系合金の組織　48

第4章　凝固で生じる欠陥
　　　　――粗大金属間化合物、リフトオフ、ボイド　……　53

4.1　初晶粗大金属間化合物の形成　53
4.2　リフトオフ　54
4.3　凝固割れ（引け巣）　59
4.4　ランド剥離　61
4.5　凝固欠陥に関するまとめと高信頼性化対策　62
4.6　Pb 汚染が起こす現象　64
　　4.6.1　結晶粒界の劣化　64
　　4.6.2　低温相形成による界面劣化　67
　　4.6.3　拡散促進による劣化　69
　　4.6.4　Pb 汚染が引き起こす信頼性低下に対する対策　70

第5章　はんだのぬれ　………………………………………　73

5.1　はんだのぬれ性　73
5.2　温度や合金元素の影響　75
5.3　Sn 合金と金属の界面反応の影響　79
5.4　ぬれ性試験方法　80
　　5.4.1　メニスコグラフ（ウェッティングバランス）　80
　　5.4.2　広がり試験（JIS Z3197）　81
5.5　ぬれ性に関する課題　83

第6章　はんだ付けの界面反応と劣化　………………………　85

6.1　はんだと金属の反応　85
6.2　ブラック・パッド　91
　　6.2.1　めっきの品質が原因のブラック・パッド　93
　　6.2.2　はんだ付けの条件で生じるブラック・パッド　94

 6.3 界面反応層の重要さ 97

第7章　はんだ付けプロセス　99
 7.1 フローはんだ付け 99
 7.2 リフローはんだ付け 103

第2部　はんだ付け信頼性　107

第8章　信頼性因子　109
 8.1 影響する因子 109
  8.1.1 はんだ付けで何が起こるか？ 109
  8.1.2 実用時に起こる劣化は？ 112

第9章　信頼性の考え方と寿命予測　117
 9.1 信頼性 117
 9.2 信頼性の解析 121
 9.3 加速試験と寿命予測 124
 9.4 いろいろな標準 127

第10章　高温放置で生じる劣化　131
 10.1 高温で生じる金属の拡散 132
 10.2 界面の劣化 135
 10.3 特殊な界面を持つSn-Zn系の高温劣化 137
 10.4 高温劣化の対策 139

第11章　クリープ　143
 11.1 金属のクリープ現象 143
 11.2 メカニズム 146
 11.3 クリープ評価における課題 149

第12章　機械疲労と温度サイクル　………………………………　151
　12.1　機械疲労の効果　151
　12.2　温度サイクルの効果　155
　12.3　疲労および温度サイクル影響の評価方法　157

第13章　高湿環境における劣化　………………………………　161
　13.1　吸湿で起こる故障　161
　13.2　高湿環境での腐食　164
　13.3　イオン・マイグレーション　167
　13.4　ガス腐食　171
　13.5　各種試験方法　175

第14章　Snウィスカ　………………………………………………　179
　14.1　Snウィスカの発生に及ぼす5つの基本環境とウィスカの結晶学的理解　180
　14.2　室温ウィスカの発生・成長　181
　14.3　温度サイクル（熱衝撃）ウィスカの発生と成長　183
　14.4　酸化・腐食ウィスカの発生と成長　184
　14.5　外圧ウィスカの発生と成長　186
　14.6　ウィスカ研究の今後　187

第15章　エレクトロマイグレーション　………………………　191
　15.1　はんだのエレクトロマイグレーションとは？　192
　15.2　接合界面への影響　193
　15.3　フリップチップ接続のエレクトロマイグレーション　195
　15.4　エレクトロマイグレーションのまとめ　199

おわりに　………………………………………………………………　203
索引　……………………………………………………………………　205

第 1 部

鉛フリーはんだ付けの基礎と実践

第1章

はんだ付けの歴史

1.1 はんだの始まり

　金属の接続は、加工が難しい金属を部材ごとに準備し、あるいは、異なる素材の金属部品を製品化の最後に組み合わせるために行われる。すず（Sn）を主要な元素とするはんだは、200℃程度の比較的低い温度で溶かし接続できるので、人類の長い歴史の中で重宝され用いられてきた。ただ意外なことに、はんだより先に融点が高い銀ろうなどを使ったろう付けが実用化されており、実際、多数のろう付けされた装飾品などが残されている。これには理由があり、人類文化の起源とも言われる4大文明の発祥の地域に、すず鉱山が無かったことが大きい。金（Au）や銀（Ag）の鉱山は、遠くメソポタミやエジプトにも豊富にあり、これらの貴金属は高度な精錬の技術が必要なく採掘されていた。ところが、すず鉱山はこれらの文明の地からは遙か遠くにあり、インドやマレーシアでしか産出されなかった。また、すずは貴金属ではないので、自然金属として道端に転がっていることはあり得ず、すず鉱石を精錬しなければ得られない。つまり、すずの実用化には高度な金属製錬技術が必要とされたのである。このような理由ではんだは、ろう材に対して実用が遅れた。とは言うものの、はんだの歴史もやはりかなり古い時代に遡り、

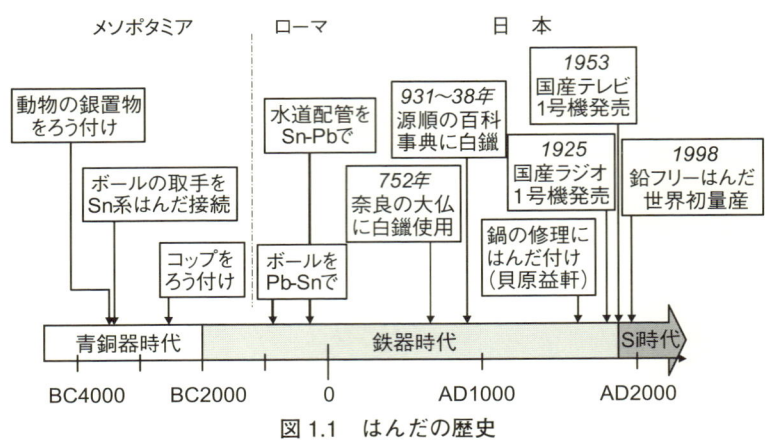

図1.1　はんだの歴史

ほとんど青銅器時代には実用になっている。参考までに、図1.1にこれまでに考古学研究から見いだされた主立った金属接合の製品の例に併せて、日本におけるはんだの歴史を年表に示す[1]。

メソポタミア時代には食器の銅ボールに銀製の取手をはんだ付けされている例があり、その年代は紀元前3000年以前と言われている[2]。図1.2にはこ

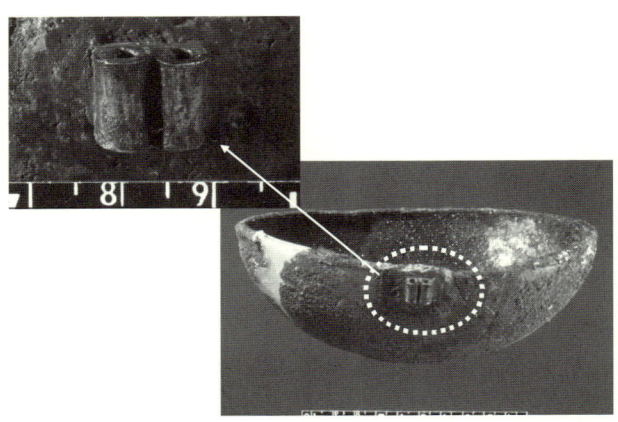

図1.2　CuボールにAgの取手をはんだ付けした紀元前3500年頃のElamite時代
（Paul Craddock氏、大英博物館より）

4　第1章　はんだ付けの歴史

の銅ボールを示す。この銅ボールを所蔵する英国博物館の分析では、このはんだの組成が錫－銅（Sn-Cu）か錫－銀（Sn-Ag）であることが明らかにされている。なんと、鉛が含まれていないのである。実に、現代を象徴する鉛フリーはんだの基本組成になっている。もちろん、この鉛フリーが意図的なものではなく、当時はすずと同様に鉛が貴重な金属であったためと推測される。しかし、いずれにせよはんだ付けを今から5000年以上前に達成した先人の偉業には驚かされる。

　さらに時代は下りエジプトへ移ると、ツタンカーメン王の墓から出土した装飾品にも、はんだ付けの例が散見されている。これが紀元前1350年頃になる。青銅器や銀、金の装飾品には、時代とともに当然ながら多くの接続方法が開発されており、すず系のはんだも多用されていた。ローマ時代にも多数の作品例が見つかっているが、この時、すでに共晶はんだ組成であるすず－鉛（Sn-38wt%Pb）も実用になっていたことには驚く。歴史家として有名なプリマス（Plimus）は、当時の生活を世界初の百科事典として残しているが、その中にさまざまな工業製品の製造技術があったことが確認されている[2]。その中で、水道の鉛配管が鉛－すず（Pb-Sn）系はんだではんだ付けされたことが記録されており、これの実物が大英博物館に残されている。これが、およそ紀元前350年のことである。この後、ギリシャやローマ時代になると次第に多くの歴史書物が残されるようになり、我々も、当時の人々の生活を伺い知ることができる時代となる。ちなみに、ヒポクラテス（Hippocrates）の書には、鉛鉱毒により鉱夫が鉱毒に犯されたことの記録が残されており、鉛が人体に及ぼす害も、すでに2000年以上前に知られていたことが分かる。

　はんだ付け技術が東洋にもたらされたのがいつ頃であるのかは、歴史では明らかにはなっていない。黄河文明が栄え、紀元前1000年頃の殷王朝の時代の遺跡から多くの青銅製の器具が見つかっていることから、この時代にはすでに西方から青銅器文化が伝えられ、同時にはんだ付けも行われていたものと考えて良いだろう。図1.3は、上海博物館に展示されている取っ手リングがはんだ付けされた青銅のワイン壺であるが、これが紀元前300年ごろのものであることが分かっている。

1.1　はんだの始まり　　5

図 1.3　上海博物館に所蔵されるリングがはんだ付けされたワイン壺
（紀元前 475 年〜221 年）

1.2　日本のはんだ付けの歴史

　さて、日本にはんだが入ってきた時期は、残念ながら定かではない。古い文書としての記録はほとんど見られず、残されているさまざまな金属装飾品に関しても、詳しく分析された文献は見あたらない。奈良時代には、東大寺大仏の製造においてはんだが用いられたことが記録されているが、これは接続のためではなく合金元素として用いられたそうである。その裏を返せば、当時の日本人もすでにはんだを接続に用いていたと考えて良いだろう。大陸から日本への金属文化導入では鉄器と青銅器が同時にもたらされたので、この時にすでに成熟していたはんだ付け技術も導入されたのではないだろうか。

　日本の歴史書の中で初めてはんだが現れたのは平安時代中期で、源順（みなもとのしたごう）によってまとめられた日本初（2番目という説もある）の百科事典「和名類聚抄（わみょうるいじゅしょう）」に「白鑞」と記されている。時代は下って、江戸時代の人々の暮らしの様子に関し多くの著書を残した貝原益軒は、1705 年に出版した『萬宝鄙事記』の中の「器財」の部で、「鑞付け」

を記録している[3]。文章をそのまま引用すると、「銅器の継目ろこね。：透間有て水漏る所をふさぐには先ず松脂をもって銅のあかをとりさるべし、蠟をけさんのごとく細長きを買置てよき程に切。銅器の破れたたる所に置、銅器の裏より火を用いて強く焼けば、蠟とくるをよき程にのべてよし」（意訳：銅器の割れた継ぎ目打ちのために、松脂を用いてはんだ付けをした）と書かれており，これは温度からしてはんだに相当すると推測される。また、フラックス（flux）としての松脂を使ったことも明確に記しており、すでに今日のはんだ付けの基礎技術が我が国でも完成していたことになる。

　さて、時代は飛んで大正に入り、初期のエレクトロニクスの時代になる。1925年（大正14年）に、国産第1号鉱石ラジオの量産販売が開始された（図1.4）。その価格は3円50銭であった。同年6月1日に、NHKラジオ放送が開始され、聴取者は5,455世帯で受信料が月1円だったそうである。ラジオに替わってテレビが登場するのは、戦後になる。初めてテレビ受信機の量産が開始されたのが1953年（昭和28年）、もちろん白黒テレビである。その販売価格が175,000円で、当時としては非常に高価であった。同年2月1日にNHKがテレビ放送を開始し、街頭テレビが大いに流行った。1日4時間の放送を行い、受信料は月額200円で866世帯が受信を開始した。すなわち、これが民生電化元年と言えるだろう。

　ところで、1955年（昭和30年）以前の民生電化製品は主にラジオであるが、

図1.4　鉱石ラジオとテレビの国産1号機（いずれもシャープ）

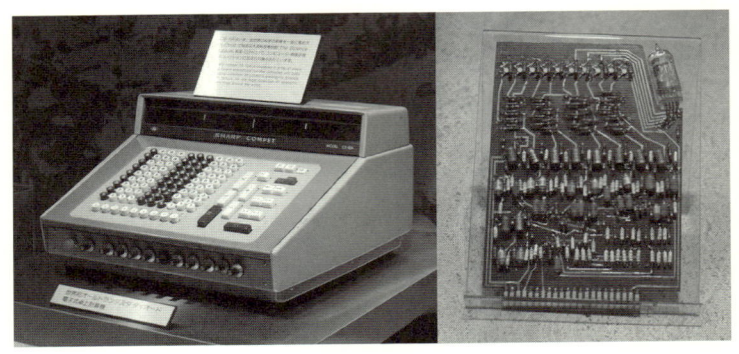

図1.5　シャープの電卓1号機と基板

はんだ付けには基板はほとんど用いられていなかった。真空管などの部品が、そのままラグなどを介して配線され、はんだ付けされていた。1960年ごろを境にして、基板を使った形式の実装方法が流行るようになる。図1.5は、1964年（昭和39年）に世界初のオールトランジスタ電卓として発売された、電卓の名器とも呼ばれるCS-10Aである。今日、より高機能のものが1個のLSIで制御され、手のひらに隠れるほどに集約されているが、CS-10Aの価格は535,000円と当時としてはたいへん高価であった。しかし、トランジスタ530個、ダイオード2300個が基板に搭載されており、当時の民生機器の実装技術としては見事と言って良いだろう。真空管が1個だけ、基板の隅に残っている。はんだ付け部分はむらが多く、手付けではんだ付けされていることが一目瞭然である。当時、女工さんたち（たぶん）が並んで作業をしていた姿が目に浮かぶようである。この時代に、東京オリンピックと大阪万博が開催され、カラーテレビが普及し始めた。以降、日本は高度成長期に入り、国内の電子産業は名実ともに世界の産業界の頂点に立つまでに成長した。

1.3　はんだは鉛フリーの時代へ

1998年に、欧州においてWEEE（後にRoHSが分離した）の検討が始まり、

はんだ中の鉛の使用が禁止されることになった。この欧州指令が最終的に落ち着くまでには5年の年月を要したが、結局は世界的に鉛はんだの使用規制が動き出した。鉛フリーはんだ実装の端緒は、実はこれに先立つ1990年初頭に米国連邦議会で議論されていた。ところが、米国は一旦鉛フリー化をあきらめ、世界の産業界も鉛フリー化は当面無いものと安心していた。そこに、まず車載機器に対するELV規制、さらに、電子機器に対するWEEE/RoHS規制などの欧州指令が出現し、世界が環境技術へと大きく動き出すことになった。日本の産業界は、これらの欧米の動きを大変敏感に捉え、着実に鉛フリー化への体制を整えて行った。2006年7月1日からとうとう欧州連合25カ国で一斉に鉛はんだの規制が開始された。日本の企業は鉛フリー移行に順調に対応できたが、台湾や中国の企業は、準備が間に合わず一時輸出がストップするなどの障害が発生したそうである。

　1998年10月に、世界初の鉛フリーはんだを用いた量産が実現した。図1.6は、その記念すべき鉛フリーはんだ実用化製品であるコンパクトMDである。この実用化のニュースは世界中を瞬く間に巡り、多くの技術者がこれを買い求めた。ちなみに筆者もその一人で、このMDを発売3日目に入手している。この実用化では、低温鉛フリーはんだの一つであるSn-Ag-In-Biが採用された。次の実用化が翌年で、やはり低温実装を可能にする

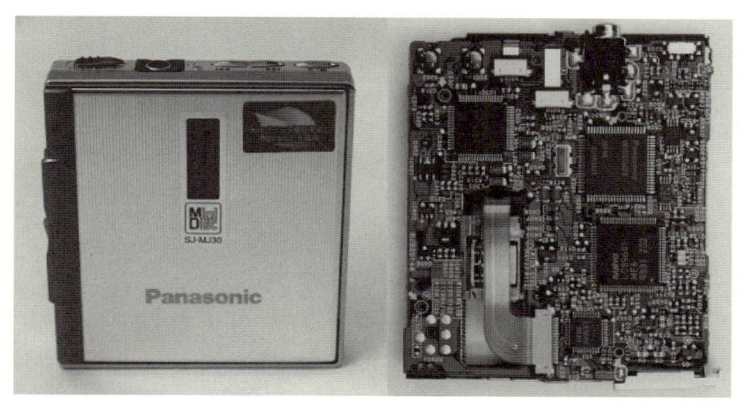

図1.6　世界初のリフロー量産を果たしたMD（松下電器）

1.3　はんだは鉛フリーの時代へ

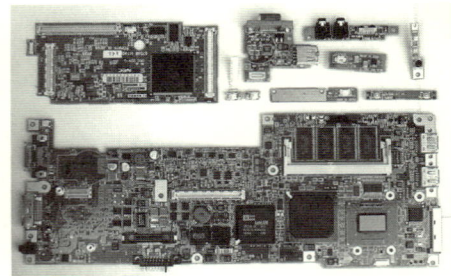

図 1.7　Sn-Zn はんだで製造されたノート PC

Sn-Zn-Bi 系であった。図 1.7 は、Sn-Zn 系実用化の世界初となったノートパソコンである。実は、「世界初」というのは多少語弊があり、1970 年代から、鉛フリーとは意識せずに Sn-Bi や Sn-Ag はんだが実用化されていた。Sn-Bi 系はんだは、低温はんだとしては欠かせない存在の一つで、サーバーなどの特殊用途に用いられていた。また、Sn-Ag 系はんだは、耐熱疲労性に優れた耐熱はんだの一種として、車載用途などに実用化されていた。また、遠い過去を振り返れば、そもそもはんだは鉛フリー材料から始まっており、初めに実用化したのはメソポタミア人だったと言うのが正確だろう。

さて、2000 年以降、新たな世界標準となった Sn-Ag-Cu や Sn-Cu などの実用化が進み、同時に部品や基板の鉛フリー対応が徐々に完成していった。次第に低温はんだの用途は必然性のあるものに絞られるようになっている。ただし、時代のひとつの方向は確実に実装の低温化へ向かって行っている。これは、環境対応からの要求ばかりでなく、省エネルギー、コスト削減、部品、基板あるいは半導体の熱損傷や熱歪みの低減などへの強い要求があるからである。また、付加価値の高い接続技術として、150 ℃を超える温度域での常用を可能にする超耐熱実装、あるいは、信頼性が高く大電力を担うためのパワー実装などに期待が集まりつつあり、実装技術者は物作りにおいて休む間を見つけることはできない。

参考のために、現在鉛フリーはんだとして世界で用いられている主な合金系を、表 1.1 に紹介する。すでに、2006 年には JIS Z 3282「はんだ－化学成

表 1.1　世界で用いられる鉛フリーはんだ合金系

合金系	合金組成（wt%）	融点（℃）	備　考
純 Sn	Sn	232	・純度 3N 程度
Sn-Ag 系	Sn-(3～4)Ag	221～	・Sn-3.5Ag が共晶組成で Ag 量増加によりわずかに液相線温度が上昇
Sn-Cu 系	Sn-0.7Cu-(0～1)Ag	227～	・Sn-0.75Cu が共晶組成で Ag 添加量増加によりわずかに液相線温度が増減 ・Cu 量を数％まで増加させ高温はんだとすることもできる
Sn-Ag-Cu 系	Sn-(3.0～4.0)Ag-(0.5～1.0)Cu	217～	・Sn-3Ag-0.5Cu が日本の標準的はんだ ・Sn-4.0Ag-0.5Cu がパテントフリーと言われるが、定かではない ・微量 Bi や Ni、レアアースなどを添加する場合もある
Sn-Bi 系	Sn-58Bi-(0～1)Ag	139～	・Sn-58Bi が共晶組成 ・Ag 添加で多少特性改善されるが、融点上昇するので注意
Sn-In 系	Sn-52In	118	・共晶組成
Sn-Ag-In 系	Sn-3.5Ag-(4～8)In-0.5Bi	206～	・広い固液共存領域を持つ
Sn-Zn 系	Sn-9Zn Sn-8Zn-3Bi	199 190	・共晶組成 ・固液共存領域を持つ
Sn-Sb 系	Sn-5Sb	240	・固液共存領域を持つ

分及び形状」、3283 改正案「やに入りはんだ」が公表され、同時に ISO などで国際標準化（ISO 9453「Soft solder alloys – Chemical compositions and forms」）されている[7]。

参考文献

1) 大英博物館資料より.
2) P. Craddock: *MASCA Journal*, **3**(1984), 1.
3) 中野定雄,中野里美,中野美代(訳)『プリニウスの博物誌』(the Natural History),雄山閣 (1986).
4) 貝原益軒,『萬宝鄙事記』(1704).
5) 菅沼克昭『はじめてのはんだ付け技術』技術調査会 (2004).
6) 菅沼克昭『鉛フリーはんだ付け技術』技術調査会 (2001).
7) JIS ハンドブック

第2章

はんだの状態図と組織

　本章では、はんだの種類と組織的な特徴に関して紹介する。まず初めに、これまで長い歴史の中で用いられてきた「Sn-Pb共晶はんだ」を例にとり、状態図の見方と組織について簡単にまとめておこう。鉛入りはんだは、欧州における鉛の使用規制指令の成立とともに、ほとんどの民生機器で鉛フリーはんだに置き換わったが、宇宙航空などの特殊領域では継続して使われている。また、Sn-Pb共晶はんだは、合金状態図やはんだ組織もシンプルであるので、はんだ付けの基本を理解するには打って付けの材料である。ちなみに、合金状態図とは、温度と組成が変化したときの組織を示す地図であり、合金の基礎的な情報を与えてくれるもので、いろいろな物性を予測するときに役立つ。その後に、代表的な鉛フリーはんだについて紹介する。

2.1　はんだの種類と状態図

2.1.1　はんだの種類と標準

　Sn-Pb共晶はんだは、エレクトロニクス実装に用いられるようになるとともに、さまざまな利用形態に応えるようにその種類を拡大してきた。これまで用いられてきたSn-Pb系はんだを大きく分類すると、共晶はんだ、Pbを多く含む高温はんだ、Biなどを多量に含む低温はんだになる。表2.1には、

表2.1 JISに規定されているはんだ合金の種類抜粋[1]

合金系		組成 (wt%)	固相線温度 (℃)	液相線温度 (℃)	JIS記号
鉛はんだ	Sn-Pb系	Sn-5Pb	183	224	H95A
		Sn-37Pb	183	184	H63A, E
		Sn-40Pb	183	190	H60A, E
		Sn-50Pb	183	215	H50A, E
		Sn-55Pb	183	227	H45A
		Sn-60Pb	183	238	H40A
		Sn-65Pb	183	248	H35A
		Sn-70Pb	183	258	H30A
		Sn-80Pb	183	279	H20A
		Sn-90Pb	268	301	H10A
		Sn-95Pb	300	314	H5A
	Sn-Pb-Bi系	Sn-40Pb-3Bi	175	185	H57Bi3A
		Sn-46Pb-8Bi	175	190	H46Bi8A
		Sn-43Pb-14Bi	135	165	H43Bi14A
	Sn-Pb-Ag系	Sn-36Pb-2Ag	179	190	H62Ag2A
		Pb-1.5Ag-1Sn	309	309	H1Ag1.5A
鉛フリーはんだ	Sn-Sb系	Sn-5Sb	235	240	S50
	Sn-Cu系	Sn-0.7Cu	227	228	C7
	Sn-Ag系	Sn-3.5Ag	221	221	A35
	Sn-Ag-Cu系	Sn-3Ag-0.5Cu	217	219	A30C5
	Sn-Ag-In-Bi系	Sn-3.5Ag-8In-0.5Bi	196	206	N80A35B5
	Sn-Zn系	Sn-9Zn	198	198	Z90
	Sn-Zn-Bi系	Sn-8Zn-3Bi	190	196	Z80B30
	Sn-Bi系	Sn-58Bi	139	139	B580
	Sn-In系	Sn-48In	119	119	N520

JISに定められたSn-Pb系はんだ合金の組成と融点をまとめて示す[1]。表2.2は、低温用途のはんだである。ちなみに、JISでは、はんだ全般がZ3282、やに入りはんだがZ3283、ペーストはZ3284にそれぞれ規定されている。鉛フリーはんだはZ3282に含まれ、Pbの量で1000 ppm以下が鉛フリーの範疇となる。

表2.2 代表的な低温はんだ

合金組成	融点(℃)	名　称
12.5Sn-25Pb-50Bi-12.5Cd	70-74	ウッドメタル
34Bi-66In	72.4	
18.7Sn-31.3Pb-50Bi	95	ニュートンメタル
48Sn-52In	117	ローズメタル
43.5Pb-56.5Bi	128	
In	157	

2.1.2　はんだ状態図の見方

図2.1には、Sn-Pb2元合金の平衡状態図(以下には、単に状態図と呼ぶ)を示す[2]。状態図を見ると、温度と合金組成が与えられれば、その合金の組織を予測でき、はんだ付けにおける電極界面の反応組織を予測することもできる。状態図は、万能ではないもののはんだ付けを理解し制御するときに大いに役に立つツールであるので、初めに簡単な見方を説明しよう。

まず、線AECより上の領域は液相、線AEC(液相線)と線ABEDC(固相線)で囲まれる領域は固液共存領域、それ以外が固体の領域を示す。o, p, qは、図2.2に示す合金組成で、それぞれ、Sn-38Pb、Sn-50Pb、Sn-90Pb合金である。点Eを共晶点というが、ここがすず-鉛共晶はんだの基本となる。この組成からPb量を増やすと液相線温度が上昇し、特に、80.8 wt%以上のPb量範囲では固相線も急激に上昇し、Pbの融点(327℃、点C)へ近づく。この融点の変化特性から、高温はんだとしてPb量の多い組成の合金が用いられてきた。

図の状態図は、典型的な共晶状態図と呼ばれる。「共晶」とは、字のごと

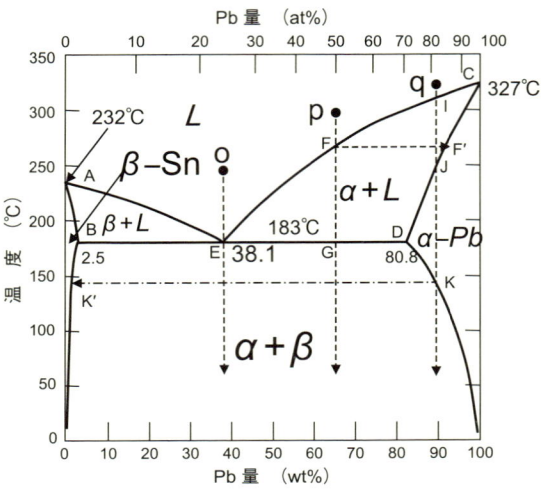

図 2.1　Sn-Pb2 元系合金状態図

く液相がある温度で一気に 2 つの固相になる現象を言う（もちろん、3 元以上もあり得る）。では、具体的に図の点 o の液体が点線のように冷却して固体になる過程を見てみよう。図 2.2 を状態図と一緒にご覧いただきたい。まず、徐々に液体が冷えることで共晶点の 183 ℃（図中の共晶点 E）に達する。する

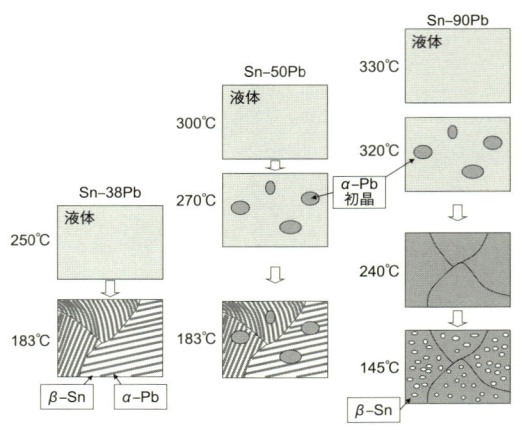

図 2.2　Sn-Pb はんだの凝固組織モデル

と、液体から点 B と点 D の 2 組成の固体を同時に生じ、凝固が一瞬で完了する。はんだ全体の平均された組成は 61.9 %Sn-38.1 %Pb であるが、組織をミクロに見ると、Sn 中へ Pb が 2.5 % 固溶した相（点 B）と、Pb 中へ Sn が 19.2 % 固溶した相（点 D）が、互いに微細に隣り合って層状に形成される。共晶合金に特徴的なこの層状組織は、一般にラメラ状組織と呼ばれ、An-Sn はんだなどでも同じく見られる。

では、少し共晶から外れた組成である点 p の合金を考えてみよう。300 ℃ の液体が徐々に冷却され、液相線上の点 F（約 270 ℃）に到達する。すると、液体中に固体が、まるで、大海に浮かぶ島のように生じ、その組成は点 F から右へ真横に線を延ばした点 F′ になる。すなわち、α 相と呼ばれる Pb 中に Sn が微量溶け込んだ固体がはんだの海の中に島を形成する。この初めに現れる固相を「初晶」と呼ぶ。さらに温度が低下すると、徐々に α 相が成長し（島が大きくなる）、やがて固相線上の点 G に到達する。ここで残っている液体が一気に固化するが、その組成は点 D の α 相と点 B の β 相（Sn 中に微量鉛が溶けた相）になる。この部分は、微細な共晶組織になる。したがって、初めに現れた α 相は Pb の組成が大きく比較的粗大な粒子として成長し、最終的に共晶凝固したラメラ組織中の α 相は Pb 量が 38 % と低い合金になる。

では、最後にもう一つ Pb の多い組成を同様に考えてみよう。点 q の合金は、高温はんだとして良く用いられる 90 %Pb の合金である。まず初めに、320 ℃（点 I）ほどで固相線に当たり α-Pb の固体粒子が液体中に現れる。温度低下に伴い徐々にこの α 相が大きくなり、点 J ではんだ全体が α-Pb の均質な固体になる。さらに温度低下すると、140 ℃ほどの点 K で、そこから真横に線を延ばした点 K′ の組成の β-Sn が析出する。つまり、固体 α-Pb 中に溶け込んでいる Sn 原子が温度低下に伴って溶けることができなくなり、α 相中に別の結晶として微細な領域を形成するわけである。この β-Sn 粒子の中には、Pb が状態図に示されるだけ微量に溶け込んでいる。

図 2.3 は、典型的な 2 種類の Sn-Pb 系はんだの組織を示している。いずれの組織でも灰色の部分が Pb に相当し、白い部分が Sn である。共晶合金では微細な板状の Sn 相と Pb 相が交互に積層しており、過共晶合金（共晶組成

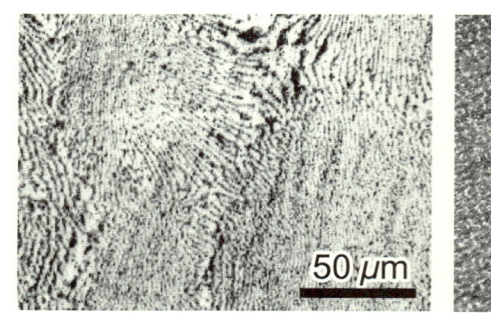 

図2.3　Sn-37Pb（左）とSn-90Pb（右）の組織（OM：光学顕微鏡写真）

以上の範囲の合金）では、α-Pbの中に微細なSnが分散した組織になっている。

　冷却速度によっても、はんだの組織は大きく変化する。たとえば、共晶組織は冷却速度が遅い場合は粗大化する。組織の粗大化は機械的性質に影響を及ぼすこともあるので、注意が必要である。また、Sn中の元素の拡散は室温においても大変速いので、はんだの組織は徐々に変化する。すなわち、粗大化する傾向を持つ。一般に、金属は絶対温度で表す融点の半分近くの温度で、元素の拡散が著しく早くなる（金属学な視点ではあまり正確な表現ではない）。Snベースの合金の場合、Snの融点が505 K（232℃）であるから、300 K（27℃）の室温は融点の半分を超える高温領域に入る。たとえば、鉄鋼材料（融点は1400℃前後）に対して900℃を越える高温に曝すほどの状態になっている。原子の拡散はきわめて速く、組織が徐々に変化するのは致し方ないところだ。そして、電子機器を実用する場合は発熱により温度がさらに上昇する。これによって、はんだ付け部分は徐々に劣化するわけである。

　第3元素の添加は組織の状態を複雑にはするが、基本的には上記と同じように状態図に基づいて組織を予測することが可能になる。たとえば、Sn-Pb系はんだの機械的性質改善のために1.5～2％のAgや数％のSb（アンチモン）が添加される。信頼性が要求される実装に、しばしば採用されて来たはんだである。Agの添加効果は、後述するようにSnとの金属間化合物であるAg_3Snを組織中に微細分散する効果、SbはSn-Pbの組織の中に溶けたまま強化（固溶体強化）する効果である。3元系の状態図さえ準備できれば、

このような予測が可能になる。もちろん、もっと多元合金でも同様のことが言える。

さて、状態図を用いることで組織を予測することが出来ることを述べてきた。しかし、状態図が万能でないことも注意が必要である。本章の初めに、状態図のことを「平衡状態図」と呼んだ。これは、熱力学的に平衡状態が成立することを前提にしている。言い換えると、たとえば平衡状態図から200℃のある組成の合金の組織を求めようとする場合に得られる情報は、200℃で無限の時間だけ合金を保持した状態を表すのである。ところが、はんだ付けにおいては、無限時間どころか数十秒で作業が終了し、はんだの温度は室温まで下がっている。これは明らかに「非」平衡状態である。少々矛盾するようだが、やはり状態図はある程度有効な情報を我々に提供してくれるので、状態図を過信するのではなく、良く理解し利用されることをお勧めしたい。界面反応については、後章でもう少し詳しく説明しよう。

2.2 Snペスト

状態図関連の話題として、「Snペスト」に関して述べておこう。

Snペストは、その現象が知られてからすでに160年を経た長い歴史を持つ[3]。その名前に由来するように、14世紀にヨーロッパ人口の4分の1が死に至った伝染病を模して称している。図2.4には、英国のビール工場の冷却パイプに生じたSnペストの例を示す。ペストの名が示すような斑点状の浸食が生じ、ひどい部分では穴が開いている。Snが低温保持された場合に生じ、潜伏期間が必要であることなどは伝染病の症状に酷似している。初めてSnペストが知られたのは、1851年のドイツのZeitzだそうである。オルガンのパイプに、Snペストが生じて穴が開いたと言われる。その他、ロシアや英国などの寒冷地で幾つかの例が散見される。工業純度のSnではほとんど起こらないと言われ、他の現象、たとえば腐食や酸化などと混同されることもあるので、現象の見極めには注意が必要である。

はんだの鉛フリー化が進むに当たって、再びSnペスト発生が懸念された[4,5]。工業純度のSnで生じないことの一つの理由には、Pbを不純物とし

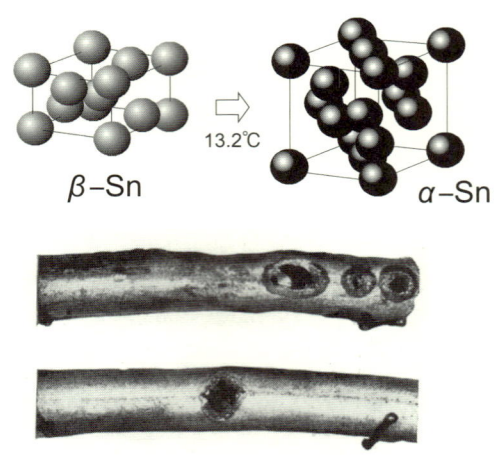

図2.4 Snの2つの結晶構造（上）とSnペストに罹ったビール冷却パイプ（下）
（下：英国ITRIより）

て微量含むことでSnペストは生じなくなることがある。高純度のSnを用いない限り、深刻にはならないだろう。本節では、現在理解されているSnペストの現象の概要と、報告例を紹介する。

2.2.1 Snペスト現象

はじめに、Snペストの現象を金属学的な面から説明する。純Snは、2種類の結晶構造を取り、両結晶の特徴を一覧表として表2.3にまとめた。一つ

表2.3 Snの同素体

	α 相	β 相
外 観	灰色	金属光沢
結晶構造	ダイヤモンド構造	正方晶
格子常数（Å）	6.489	長軸：5.831 短軸：3.182
密度（g/cc）	5.75	7.28
電気抵抗（Ωm）	半導体	11.5×10^{-8}
機械的性質	脆い	延性

は、正方晶（直方体の一面が正方形になった四隅に原子が存在する構造）で、我々になじみ深いはんだの β-Sn で延性に富む。一方は、α 相と呼ばれ、原子配列が Si と同じダイヤモンド構造で、これが Sn ペストの発症原因になる。Sn ダイヤモンド構造は、基本的には面心立方格子（立方体の4隅と面の中心に原子が存在する形）になるのだが、硬く脆い。原子間結合は、共有結合性が強く、導電性が失われ半導体になる。また、β 相から α 相への変態する温度は 13.2 ℃であるが、密度が低下するために 26 % もの著しい体積膨張を生じる。このため、$\beta \rightarrow \alpha$ 変態が生じると、まるで腫瘍のように盛り上がり、脆く崩壊することになる。しかも、導電性が無くなり、はんだとしての特性が失われてしまう。

Sn 系合金の状態図では、13.2 ℃の所に実線の代わりに波線が横に引かれる場合がある。これは、純 Sn の変態が生じるべき温度でそれが起こらず、過冷現象（状態図で示される温度より変化が低温側へずれること）となることを示している。

これまでに Sn ペストに関して報告されてきた特徴を列記すると、以下のようになる：

・大きな過冷が生じ、かつ潜伏期間が長い
・α-Sn は β-Sn の表面で発生し内部からはほとんど発生しない
・発生核から球状に広がる
・体積膨張に伴い亀裂発生や粉状化が起こる
・金属色から灰色へ変わる
・加工により変態が促進する
・α 相の核を植え付けると変態が促進する
・逆変態は速い
・不純物の変態への影響が大きい

2.2.2　合金元素の効果

まず、合金元素の変態への影響を過去の報告を基にして表 2.4 にまとめる。加速、抑制の両方に挙げられている元素があり（「？」を付けた）、明らかに

報告により矛盾し、まだ判断が十分には得られていないことを示している。Pb は、ご覧のように抑制元素として挙げられる。鉛フリーはんだとして注目される重要な元素としては、Ag、Bi、Sb などが抑制元素であるが、一方、Cu は影響がないか促進の可能性もある。また、Zn が加速元素となっている。Ge は、抑制と加速の両方に挙げられており、大いに矛盾している。古い実験報告が多いので、Sn の純度を制御した綿密な研究が必要であろう。

表 2.4　変態へ及ぼす合金元素の効果

抑制元素	影響なし	加速元素
S	Ni	Al
Cd	Fe	Zn
Au	Cu(?)	Mg
Ag		Co
Bi		Mn
Sb		Cu(?)
Pb		Ge(?)
Ge(?)		

（ITRI 資料に一部筆者が加筆）

　では、一例として Pb の抑制効果を見てみよう。図 2.5 は、高純度 Sn の変態速度へ及ぼす Pb 濃度の影響を示す[6]。高純度 Sn では、-20 ℃で変態速度がもっとも大きいピークを描くが、Pb 量の増加に伴い徐々にピークが低くなると共に低温側へシフトし、工業純度の純 Sn に近い組成では-40 ℃がピークとなっている。このように、Pb 量増加に伴い変態速度が低下することは、Pb が抑制元素の一つであることを示し、ピーク温度が低温へシフトすることにより、我々が使っている純 Sn レベルでは、考慮すべき温度が-40 ℃近辺になると言える。

　Ge 添加でも、同様の報告が為されている[7, 8]。Ge は、抑制元素としての効果が大きいと言われている。図 2.6 は、-30 ℃における高純度 Sn の変態速度へ及ぼす Ge 添加の影響を示す[9]。0.2 wt% 程度の微量添加で抑制効果が著しく、0.5 wt% まではそれほど変化しないかわずかに増加し、それ以上では

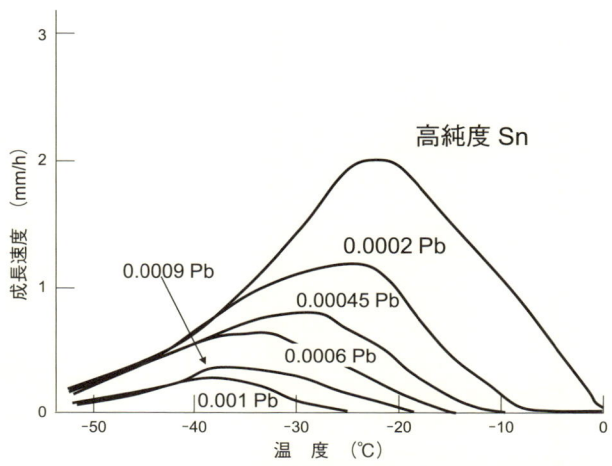

図 2.5 高純度 Sn のペスト成長速度に及ぼす Pb 濃度の影響[8]

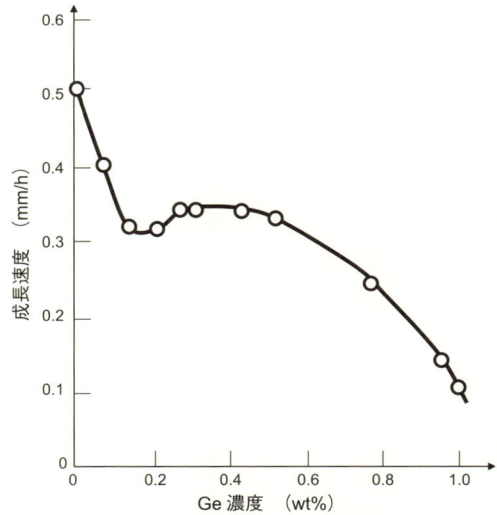

図 2.6 Ge の α 相成長への影響（−30 ℃）[9]

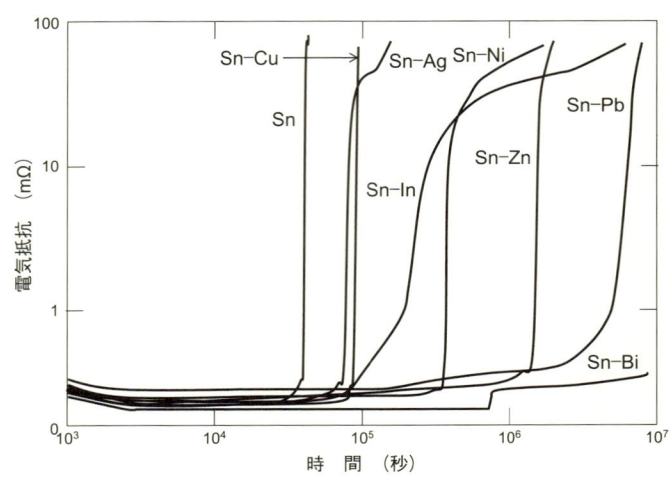

図2.7 Sn合金の−35℃における電気抵抗値の変化[5]
CdTe粒子をα相核としてドープし、合金元素添加量は約0.4%とした

1 wt%まで連続的に抑制効果が現れている。このように、Ge添加は変態に対し抑制効果があると言って良いようだ。Geの変態抑制効果は、Ge原子がSnを硬化させ、このために変態が進む界面の前面の転位密度が増加して変態速度を阻害すると説明されている。

合金元素の影響についてSnペスト現象を調べた例が、図2.7である。電気抵抗値は、変態現象を敏感に捕らえるので、鉛フリーはんだのSnペスト感度として見ると分かりやすいだろう。

上記で、Geが抑制効果があると述べたが、これに矛盾する報告もある。つまり、GeがSnペストの核になるとの説明である。この核とは、結晶構造がダイヤモンド構造になり、しかも、格子常数も近い物質である。核として働くことが報告されているのは、α-Snはもちろんのこと、Geの他にもSi、ZnSb、HgTeなどがある。

2.2.3 加工の影響

Snの変態へは、加工の影響も大きいことが分かっている[3-5]。$\beta \rightarrow \alpha$相変態は、元素の長距離拡散を伴わない結晶構造の変化であり、低温における核

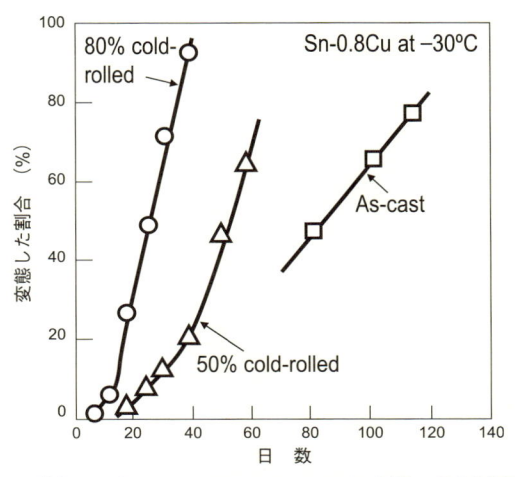

図 2.8 強加工が Sn-0.8Cu の Sn ペスト成長へ及ぼす影響[7]

生成のためには数ヶ月から年単位の長い潜在期間を伴う。ただし、内部応力の状態によって影響を受けやすい。図 2.8 は、Sn-Cu 共晶合金の例であるが、鋳造合金では α 相の生成が遅れ成長速度が遅いのに対し、加工率が大きい合金ほど急速な α 相の成長が認められる。

このような状況を現状の鉛フリーはんだに対する影響の可能性として挙げると、強加工を受けるようなリードめっきで低温保存される場合には何らかの注意が必要であろう。しかし、一度リフローやフローを通すことによって加工の残留歪みは消失する。製品になった後は、基材との熱膨張率差によって生じる歪みの影響も考えられるが、強加工とはオーダーが異なるので問題は小さいだろう。

2.2.4 Sn ペストは起こり得るか

さて、これまでに報告されてきた文献を中心に、Sn の $\beta \rightarrow \alpha$ 相変態に関して理解されている範囲を紹介した。まだ変態のメカニズムは十分に解明されているとは言えず、抑制元素や促進元素の役割も良くは理解されていない。変態抑制元素として Pb を含めて Bi や Sb など β-Sn 相に固溶しやすい

元素の効果が大きいことから判断すると、この辺に変態制御の鍵となる要因があるものと言える。本節ではいくつかの報告を引用したが、中には明らかに食い違った報告となっているものも見られる。新旧問わず論文によっては不純物濃度など曖昧で、必ずしも科学的に正確な情報となっていないものもある。この辺を踏まえて言えることは、現状では工業純度の Sn 合金で Sn ペストの生じる懸念はないが、さらに情報を蓄積してあらゆる可能性を判断することが肝要であろう。特に、はんだ付け後に強加工を施したり、α 相の核となり得る特殊な元素をはんだに加えることは、避けた方が無難である。

参考文献

1) JIS Z3282:2006「はんだ―化学成分及び形状」, 日本規格協会, (2006).
2) 2 元系状態図:"Binary alloy phase diagrams, 2nd edition", eds. by T. B. Massalski, H. Okamoto, P. R. Subramanian, L. Kacprzak, ASM International, (1990).
   3 元系状態図:"A. Handbook of Ternary Alloy Phase Diagrams", eds by Villars P, Prince A, Okamoto H, ASM International, A. Prince, H. Okamoto, ASM International, (1995).
3) C. E. Homer, H. C. Watkin: *Metal Ind.*, **60** (1942), 364.
4) Y. Kariya, C. Gagg and W. J. Plumbridge: *Soldering & Surface Mount Technology*, **13** (2001), 39.
5) NPL 資料より (2011).
6) 朱　淵俊, 竹本　正:Mate 2001 (2001), 469-474.
7) A. A. Matvienko and A. A. Sidelnikov, *J. Alloy Compd.*, **252** (1997), 172.
8) W. M. Gallereault and R. W. Smith; Rapidly Solidified Amorphous and crystalline alloys, eds. by B. H. Kear, B. C. Giessen and M. Cohen: Elsevier Science Publishing Co., Ltd., (1982), 387-396.
9) A. A. Matvienko and A. A. Sidelnikov: *J. Alloys and Compounds*, **252** (1997), 172.

第3章

鉛フリーはんだの組織

　鉛フリーはんだの代表的な合金組成と、主立った特徴を表3.1にまとめて示した。鉛フリーはんだは比較的機械的性質が良好である。たとえば、Sn-Pb共晶はんだの1.5倍から2倍の引張強度を持ち、クリープ特性に優れるなどの特徴がある。反対に、実用化の初期にはCuへのぬれ性が悪く、ぬれ広がり率でSn-Pb系が90％を超えるのに対しSn-Ag系及びSn-Bi系で80％前後になり、Sn-Zn系では大気中ではそれ以下にまで下がる等の課題を抱えていた。しかし、技術革新が重ねられ、ぬれ性は飛躍的に向上し、ほとんどSn-Pb系はんだと同等レベルにまで到達している。Sn-Zn系でさえ、大気フローを可能にするに至っている。

　鉛フリーはんだに対しても、組織を理解し機械的性質を予測することに役立てることが出来る。Sn-Pb共晶はんだとは異なり、Sn-Ag系やSn-Cu系では金属間化合物を形成し、状態図も多少複雑になっている。以下には、その代表的な状態図と組織を比較しながら説明する。

表 3.1 実用化が開始された鉛フリーはんだ

合金系	合金組成（wt%）	用途		備考
		フロー	リフロー	
Sn-Ag 系	Sn-3.5Ag	○	○	共晶（従来より実用）
	Sn-3.0Ag-0.5Cu	○	○	旧 JEITA 推奨
	Sn-3.5Ag-0.75Cu	○	○	3 元共晶に近い
	Sn-3.9Ag-0.6Cu	○	○	NEMI 推奨
	Sn-4.0Ag-0.5Cu	○	○	1953 年より擬似共晶として知られる
	Sn-3.0Ag-(3.0-8.0)In -(0.5-2.7)Bi	×	○	低温実装可能
	Sn-1.2Ag-0.7Cu	○	○	フロー用
Sn-Cu 系	Sn-0.75Cu	○	×	共晶
	Sn-0.7Cu + 微量 Ag	○	×	
	Sn-0.7Cu + 微量 Ni	○	×	
Sn-Zn 系	Sn-9.0Zn	△	○	過共晶
	Sn-8.0Zn-3.0Bi	×	○	
	Sn-9.0Zn + 微量 Al	×	○	
Sn-Bi 系	Sn-58Bi	×	○	共晶
	Sn-58Bi-(0.5-1.0)Ag	×	○	

（○：適，△：条件付適用可能，×：問題多く適用難）

3.1 Sn-Ag 系合金の組織

3.1.1 Sn-Ag 2 元合金

Sn-3.5wt% Ag 2 元系共晶はんだは、鉛フリーはんだ以前から高信頼性はんだとして用いられていた。その状態図を図 3.1 に示すが、共晶温度は 221 ℃になる[1]。単純な Sn-Pb 共晶合金（図 2.1）の状態図と比較すると、Ag が 50 ％を越える合金組成範囲（右半分）が複雑になる。Ag 組成が 75 ％付近

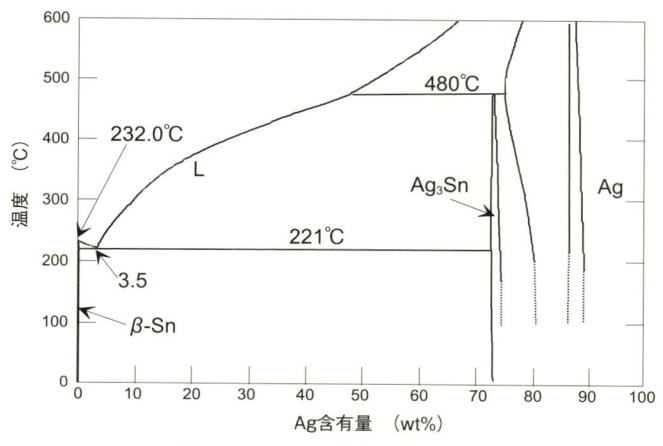

図 3.1 Sn-Ag 系合金の状態図

に縦に長い領域があり Ag_3Sn と記述してあるが、この組成と温度範囲が Ag_3Sn が安定に存在し得る範囲である。この Ag_3Sn の領域の左側（低 Ag 組成側）は、2 元共晶の状態図に近いことが分かるだろう。Sn と Pb の場合は相互に元素がある程度固溶するが、Ag は Sn 中へほとんど固溶できない。つまり、はんだ付けにおいて形成される組織は、ほとんど Ag を含まない純 β-Sn と微細に晶出した Ag_3Sn の 2 つの相の共晶合金になると考えると分かりやすい。

図 3.2 は、典型的なこの合金の組織を示す。冷却速度により組織は変化するが、Sn-Pb 共晶合金とは明らかに異なる組織である。結晶粒は数十ミクロンの大きさで形成され、その中に数ミクロンの初晶 β-Sn 粒とこれを囲む微細な Ag_3Sn 粒子／β-Sn 共晶の帯状組織が形成される。初晶 β-Sn はデンドライトと呼ばれる樹状の構造を持ち、Ag_3Sn も微細なデンドライト構造になっている。共晶組成であるが、前章で述べたような理想的な凝固は起こらず、はじめに β-Sn が樹状に成長し、最後に残った液体部分が共晶組織を形成するのである。図 3.2 は、断面組織なので粒子に見えているのである。詳細に関しては、次節で述べる．

さて、この Ag 添加によって生じる Ag_3Sn は、微細に晶出することから機

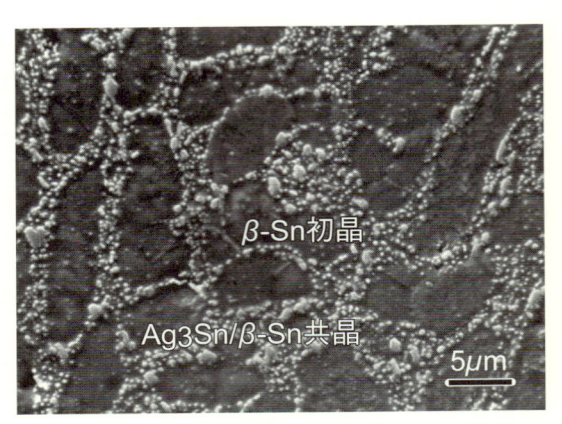

図 3.2　Sn-3.5Ag 共晶合金の組織（SEM 写真）

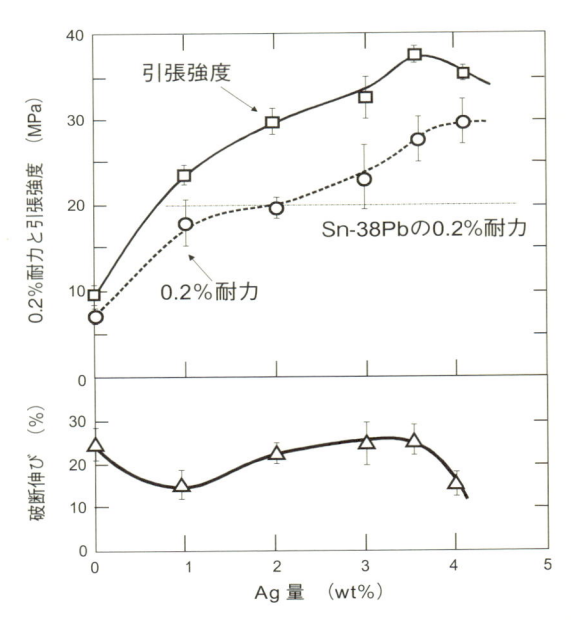

図 3.3　Sn-Ag 合金の引張特性へ及ぼす Ag 添加量の影響

械的性質の向上に大きく寄与する。図3.3には、Sn-Ag合金のAg量を変化させた時の引張特性の変化を示した[2]。Ag量がゼロから増加するにしたがって、0.2％耐力と引張強度は増加する。これに対して、伸びは若干減少する。強度に関して言うと、1～2 wt%以上のAg量でSn-Pb共晶はんだと同等かそれ以上になる。3 wt%以上のAg量では明らかにSn-Pb共晶はんだより優れた値を示すが、3.5 wt%を超えたところで（過共晶組成）、特に引張強度の低下が見られる。これは、Ag量が共晶組成を越えることで、数十μmに及ぶ粗大な板状Ag_3Snが初晶として出てくるためであり、この点が析出相がいずれも延性なSn-Pb合金の場合と異なる。粗大な金属間化合物の形成は、この例のように強度を低下させるばかりでなく、疲労や衝撃の特性にも悪影響を与える。したがって、合金設計や界面反応設計を行う際には、初晶化合物を形成しないように注意した方が良い。具体的には、「共晶点を挟んで金属間化合物側へ組成を振ってはいけない」と言える。

Ag_3Snが安定化合物であることとSn中へのAgの固溶がほとんど無いことから、一旦形成したAg_3Snは安定であり、高温放置やマイグレーションに対して強いはんだと言える。

3.1.2　Sn-Ag-Cu 3元合金

Sn-Ag合金にCuを添加した合金は、Sn-Ag共晶合金の優れた機械的特性をそのままに融点を若干下げ、さらに、Cuが初めから合金中にあるので、接続相手のCuを溶食する悪影響を低減できる。

Sn-3Ag-0.5Cuの組織は、Sn-Ag共晶合金と区別がほとんど付かない。図3.4には、エッチングでSnを削った状態を示すが、Ag_3Snが繊維状の組織を持っていることがわかる。Cuは、Agと同様にβ-Snにはほとんど溶け込めない元素であるが、写真では共晶組織の部分にCu_6Sn_5の微細晶出が、これも繊維状に混じりAg_3Snと同じく分離する。

Sn-Ag-Cu合金の場合は、Sn-Ag2元合金の場合と異なって共晶組成が厳密に定まっていない[3-7]（表3.2）。古い文献では、1954年に擬似共晶としてSn-4.0 wt%Ag-0.5 wt%Cuが報告されたが、最近のより精密な熱力学的測定と熱力学シミュレーションを用いた解析から、およそSn-3.5 wt%Ag-0.7

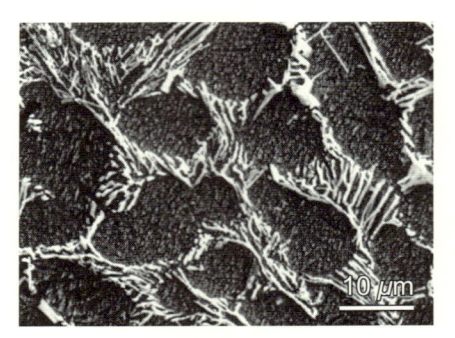

図3.4 Sn-3Ag-0.5Cu 合金の組織（SEM 写真）
酸により Sn を深くエッチングし、Ag$_3$Sn 組織を浮き立たせている

表3.2 報告されている Sn-Ag-Cu 共晶組成

研究グループ	共晶組成 (wt%)	共晶温度 (℃)	評価手段	発表年
ドイツ MaxPlank 研究所	Sn-4.0Ag-0.5Cu	225	組織観察	1959[3]
米　国 Iowa 大	Sn-4.7Ag-1.7Cu	217	組織観察 X 線回折	1994[4]
米　国 Northwestern 大	Sn-3.5Ag-0.9Cu	217	組織観察 DSC	1999[5]
米　国 NIST 研究所	Sn-3.5Ag-0.9Cu Sn-3.7Ag-0.9Cu	217 216	DSC 計　算	2000[6]
日　本 東北大	Sn-3.2Ag-0.6Cu	217	計　算	2000[7]

wt%Cu（± 0.2 wt%）近傍が共晶組成と言われている。
　この共晶組成の曖昧さは、Sn 系合金の凝固現象が意外に複雑なメカニズムで進行するために生じる。特に、Sn-Ag-Cu や Sn-Cu 等の合金の場合には、液体状態のはんだを冷却しても、凝固すべき温度（融点）で凝固が起こらず、20℃以上も融点から下で初めて凝固する（これを過冷と呼ぶ）。図 3.5 には、DSC 熱分析でどの程度の過冷が生じるかの例を示した。DSC 曲線で

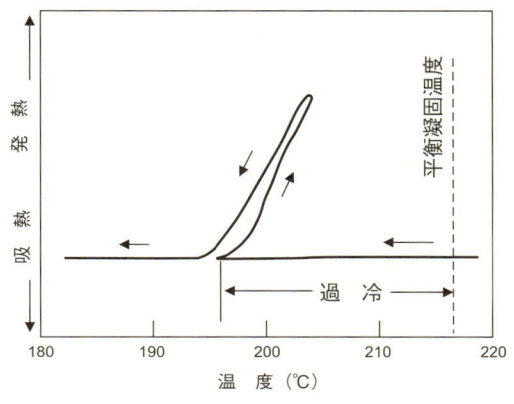

図 3.5　Sn-3.5Ag-0.7Cu の DSC 冷却曲線

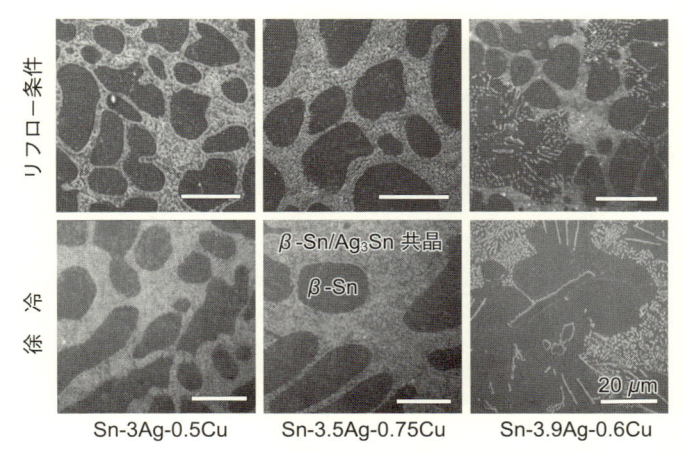

図 3.6　Sn-Ag-Cu 合金組織へ及ぼす冷却速度と組成の影響（SEM 写真）

は、発熱反応が凝固を示すが、この場合は 20 ℃近い過冷現象が生じている。共晶合金なのに初晶 β-Sn が形成してから共晶凝固が起こることも、この現象に起因しているからと言える。

さて、ここでは組織の話を中心に進めよう。図 3.6 は、今日、代表的に用いられる Sn-Ag-Cu 系の 3 組成の合金組織へ及ぼす冷却速度の影響を示している[8]。β-Sn 初晶粒子の周りに共晶組織が形成することには変わりはない

3.1　Sn-Ag 系合金の組織

が、最も Ag の多い Sn-3.9Ag-0.6Cu で共晶部分の組織が粗大化している。また、冷却速度が遅いほど粗大化も激しい。Ag_3Sn が粗大な板状初晶として形成すると信頼性へ悪影響が現れると述べたが、Sn-Ag-Cu3 元系の場合には約 3.2 wt% Ag 以上の範囲で初晶 Ag_3Sn が生じ易くなる。Sn-3.9Ag-0.6Cu では、しばしば Ag_3Sn 初晶を粗大に生じ、引張試験などで割れ発生の原因になる。図 3.7 には、はんだボールの凝固組織に及ぼす合金組成の影響を示す[9]。微細なボールの場合には、粗大な板状 Ag_3Sn が外部に飛び出て成長する場合もある（図 3.8）。Sn-3Ag-0.5Cu ではほとんど初晶 Ag_3Sn は現れないが、3.5Ag 以上では、多く粗大 Ag_3Sn 初晶が生じ、3.9Ag ではさらに著しく多い。ただし、Sn-3Ag-0.5Cu で初晶 Ag_3Sn の形成が皆無になるわけではないので、注意して欲しい。

初晶 Ag_3Sn と初晶 Cu_6Sn_5 の晶出形態は、かなり異なる。図 3.9 は、Cu 板

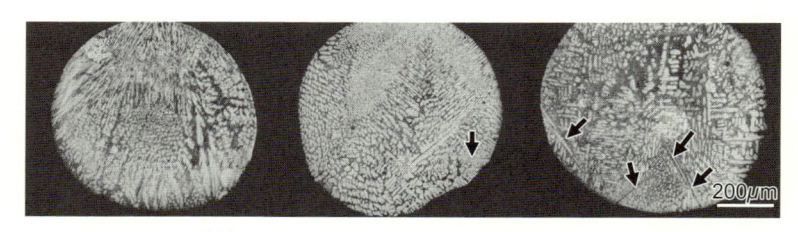

図3.7　3 種類の Sn-Ag-Cu ボールの凝固組織（OM 写真）。
左から、Sn-3Ag-0.5Cu、Sn-3.5Ag-0.75Cu、Sn-3.9Ag-0.6Cu

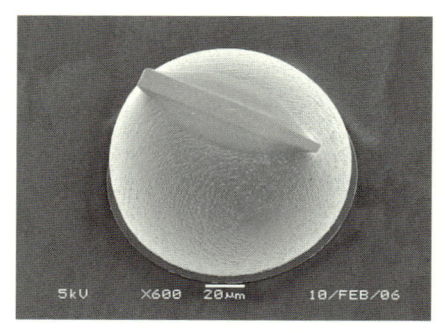

図3.8　バンプに形成した Sn-Ag-Cu ボールから突出した Ag_3Sn 初晶

上に2種類のペーストを塗布しリフロー処理したときに生じる初晶金属間化合物の状態を比較している。Sn-3Ag-0.5Cu では、Cu_6Sn_5 初晶はいずれでも棒状に生じており、Ag_3Sn 初晶は見当たらない。これに対し、Ag 量の多い合金では、初晶の Cu_6Sn_5 棒状粒子に加えて、粗大な板状粒子の初晶 Ag_3Sn

図3.9　Cu 板状にリフローした Sn-3Ag-0.5Cu と Sn-3.9Ag-0.6Cu に形成する初晶化合物（はんだを酸でエッチングした SEM 写真）

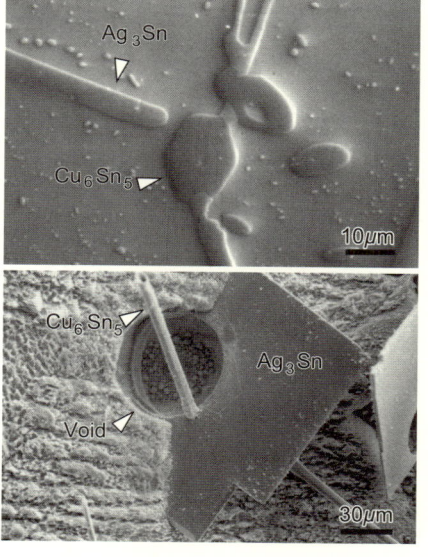

図3.10　図3.9の Sn-3.9Ag-0.6Cu の拡大組織
　　　　（上：研磨組織、下：エッチング組織）

3.1　Sn-Ag 系合金の組織

を形成している。より拡大した写真を図 3.10 に示す。初晶 Ag₃Sn の中央に大きなボイドが見られるが、これは初晶形成の核になったものと考えられる。

　Sn-Ag-Cu 系はんだは、Ag 量の最も少ない日本の推奨合金である Sn-3Ag-0.5Cu が初晶 Ag₃Sn 形成を避ける組成として的を得ていると言える。ただし、凝固欠陥の形成を考えると、共晶組成から外れるほど欠陥発生が著しくなるので、凝固欠陥形成を気にする場合は、別の最適解を見極める必要があろう。凝固欠陥に関しては、後章で詳しく述べる。

　この節の最後に、熱分析で組織形成にどのような変化が生じるかを推測できることを Sn-Ag-Cu を例で示しておこう。図 3.11 は、3 合金を DSC 熱分析行った例である[8]。融点近傍で吸熱反応が生じるのは、金属の溶解において熱を吸収する反応（吸熱反応）が生じるためである。反対に、凝固の際には大量の熱（潜熱）を放出するので、上に凸のカーブになる。図に戻ると、吸熱が単純なものではなく、特に、Sn-3Ag-0.5Cu の場合には①～③の 3 段階に分割できることが分かる。これは、3 つの現象が生じることを示唆している。以下のような反応である：

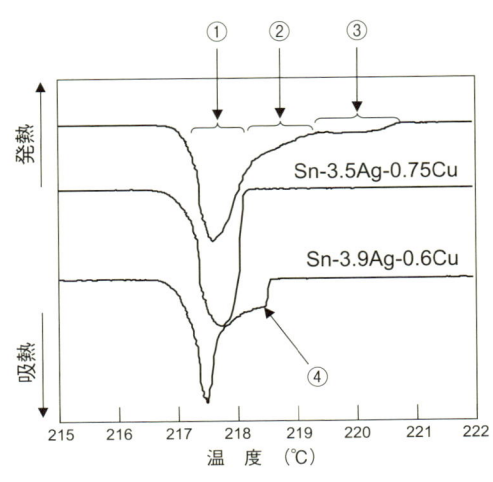

図 3.11　Sn-Ag-Cu 合金の DSC 測定曲線（昇温過程）

① Sn + Ag₃Sn + Cu₆Sn₅ → 液体　　　217〜218 ℃
② Sn + Ag₃Sn → 液体　　　　　　　218〜219 ℃
③ Sn → 液体　　　　　　　　　　　219〜211 ℃

一方、Sn-3.5Ag-0.75Cu では、ピークはほとんど単一に近い。上記の①のピークの反応に近い 3 元共晶反応が生じている。これに対して、Sn-3.9Ag-0.6Cu では、3 元共晶のピークは 217.5 ℃に明確に現れるが、約 218.5 ℃にもう一つのピークらしきもの④が見える。これは、

④ Ag₃Sn → 液体　　　　　　　　　218.5 ℃

の反応に相当する。この逆過程を追うと、凝固過程を理解することが出来る。つまり、下記のようになる。

<u>Sn-3Ag-0.5Cu の凝固</u>
液体 → 初晶 Sn 形成 → Sn/Ag₃Sn 共晶形成 → Sn/Ag₃Sn/Cu₆Sn₅ 形成

<u>Sn-3.5Ag-0.75Cu の凝固</u>
液体 → ほぼ同時に Sn/Ag₃Sn/Cu₆Sn₅ 形成（組織には初晶 Sn が出る）

<u>Sn-3.9Ag-0.6Cu の凝固</u>
液体 → 初晶 Ag₃Sn 形成 → Sn/Ag₃Sn 共晶形成 → Sn/Ag₃Sn/Cu₆Sn₅ 形成
（組織には初晶 Sn が出る）

上記のような内容は完璧な現象の説明にはならないが、有用な情報を与えてくれるだろう。状態図や熱力学情報を、**過信をしてはいけない**が、うまく利用して欲しい。

3.1.3　Sn-Ag-Bi 3 元合金

Sn 合金への Bi の添加は融点を下げ、ぬれ性も改善するので、従来から良

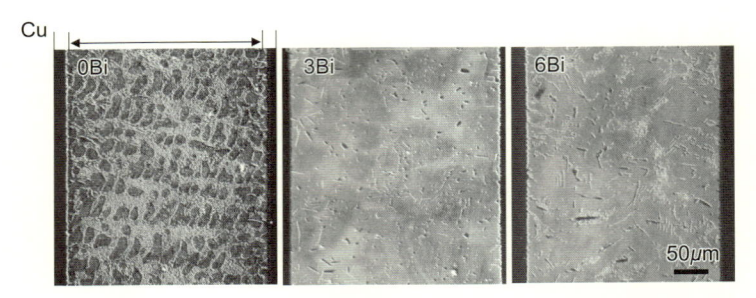

図3.12　Sn-Ag 合金のはんだ付け組織に及ぼす Bi 添加の影響（SEM）
それぞれの両側に見える電極は Cu

く用いられる合金化の手段である。Bi がわずかながら Sn に固溶できることも、Bi の一つの特徴である。Sn-Ag 合金に Bi を数％添加しても、基本的には Ag_3Sn の分散組織は維持される。図3.12 は、Sn-3％Ag に Bi を 3 ％及び 6 ％添加したときの組織変化を示す[10]。Bi の添加にしたがって共晶組織の Ag_3Sn の形態に変化が生じ、Bi が共晶部分に偏析すると共に Ag_3Sn は粗大化する。また、Sn-Ag 系への Bi の添加は共晶組成を低 Ag 量に下げる働きがあり、このため初晶 Ag_3Sn が生じ易くなる。図3.13 は、計算された状態図から求めた液相面（状態図を上から見て、液体から固体が出始める温度を等高線にしたもの）を示しており、2 元共晶点に及ぼす Bi 添加の影響が現れている[11]。

残念なことに、Bi 添加は有利なことばかりではない。Bi 自体は、半金属であり脆く硬い。このため、組織の中に粗大に出ると機械的性質を劣化させる。さらに、Sn 中の Bi は固溶あるいは析出することによって Sn 母相を硬くし、このためはんだの強度上昇の反面、延性を低下させる。図3.14 は、Sn-Ag-Bi 系合金の引張破断伸び及ぼす Bi の影響を示している[12]。Sn-Ag に Bi を添加することで、破断伸びが極端に低下している。QFP リードの接合強度の変化が、はんだ自体の伸びと同様に低下している。図3.15 には、疲労寿命に対する Bi 添加の効果を示す[13]。Sn-3.5Ag は、Sn-Pb 共晶はんだより優れた疲労特性を示すが、Bi を 2 wt％添加で Sn-Pb 共晶はんだ並みに落ち、それ以上の量を添加した場合の劣化は著しい。

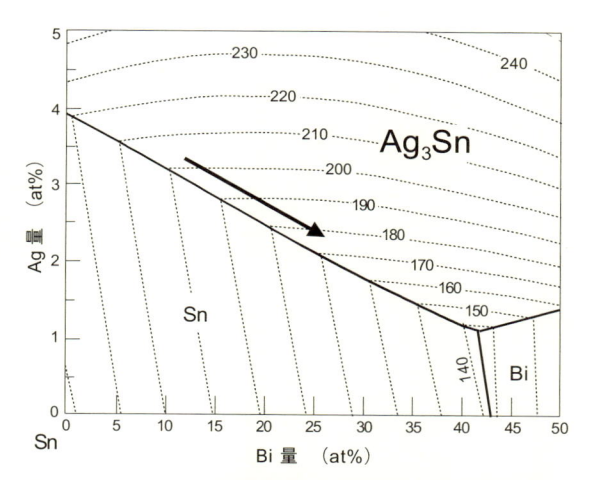

図 3.13 Sn-Ag 合金の液相線に及ぼす Bi 添加の効果[11]
矢印のラインに沿って Sn-Ag 共晶組成が変化する

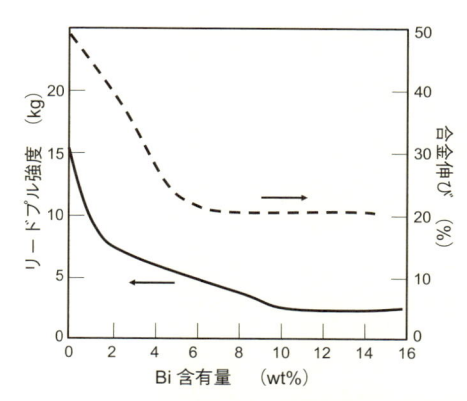

図 3.14 Sn-3Ag-Bi はんだによる QFP リード接合強度へ及ぼす Bi 添加量の影響[12]
リードプル強度は、Sn-10Pb めっき 42 アロイ材で 3 mm 幅

　この他の Bi 添加の影響としては、過冷度を小さくする（図 3.16）、Sn ペストを抑制するなどの効果がある。

3.1　Sn-Ag 系合金の組織　｜　39

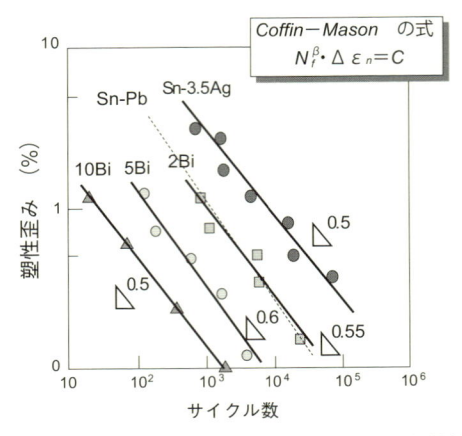

図 3.15　Sn-3.5Ag-xBi の室温における疲労特性[13]

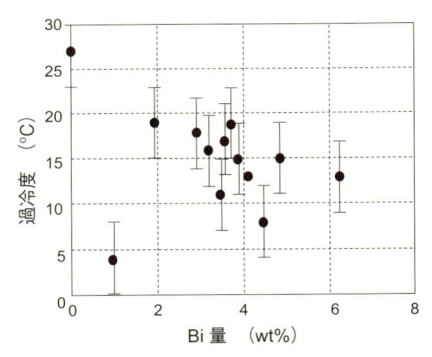

図 3.16　Sn-(3.2〜3.5)Ag-Bi の過冷度に及ぼす Bi 添加量の影響

3.1.4　Sn-Ag-In 系合金

In は高価であるが、Sn 合金への添加により Bi と同様に融点を低下させ、4In 添加で 210 ℃、8In 添加で 206 ℃ となる。図 3.17 には、Sn-3.5Ag-0.5Bi 合金に In を添加した場合の組織変化を示した[14]。In が 0 ％ の時は、Sn-Ag 系の典型的な Ag_3Sn の分散組織であるが、4In ですでに Ag_3Sn は消失し分散化合物は ζ-Ag_3In となり、8In では ζ-Ag_3In に加え γ-$InSn_4$ が析出する。こ

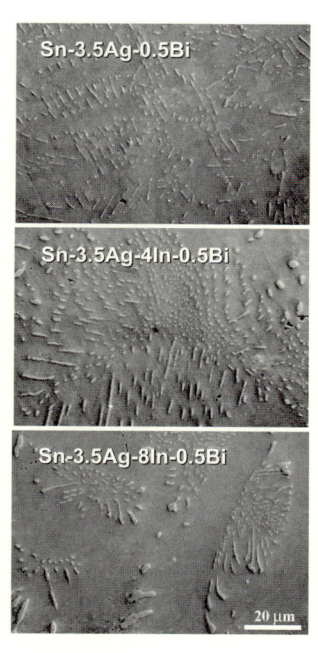

図 3.17 Sn-3.5Ag-0.5Bi へ In 添加した ときに生じる組織変化[14]

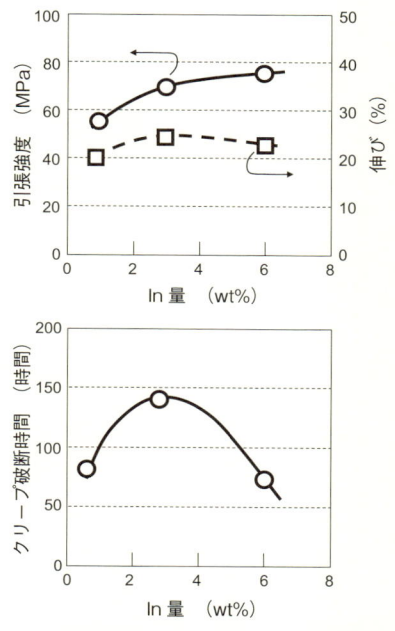

図 3.18 Sn-3.5Ag-3Bi-xIn 合金の引張と クリープへ及ぼす In 添加効果[15]

の変化は、In が Ag より活性なために生じる。

一方で、機械的性質変化への影響は比較的少ない。図 3.18 は, Sn-3.5Ag-3Bi 合金の引張特性へ In 添加が及ぼす効果を示している[15]。強度は In 量の増加にしたがって徐々に増加するが、破断伸びは Bi が増加するときのような低下は引き起こさない。クリープ特性は 3In が最も良いようで、それ以下でもそれ以上でも低下する。

3.2　Sn-Cu 系合金の組織

Sn-Cu 合金の状態図を図 3.19 に示す[1]。この状態図も Sn-Ag の場合と同様に、Cu 側は多くの金属間化合物を形成し複雑になるが、Sn 量が 60％以上

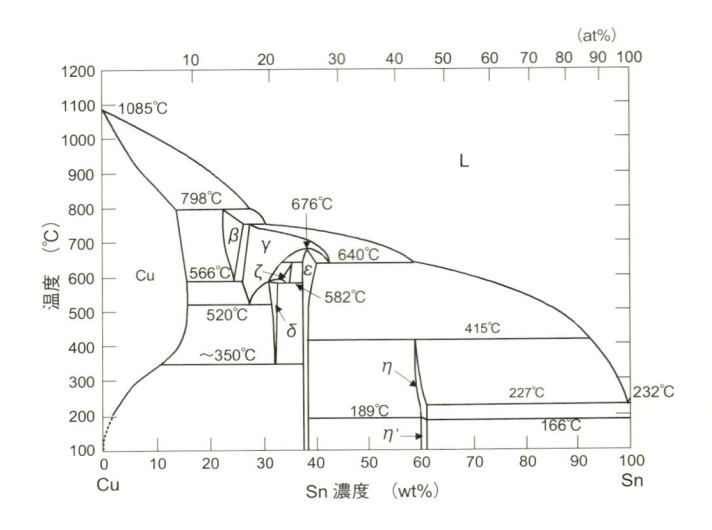

図 3.19　Sn-Cu 2 元系状態図

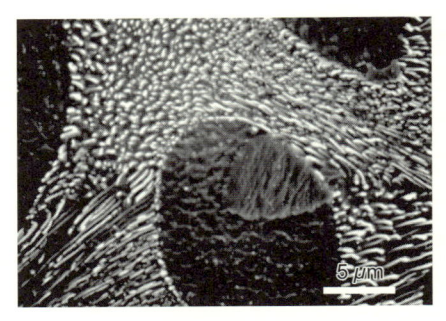

図 3.20　Sn-0.7Cu 合金のリフロー組織（SEM 写真）

の範囲を見れば共晶合金に近いことが分かる。つまり、Sn-Cu_6Sn_5 の 2 元合金とみなすことが出来る。共晶組成は 0.75 %Cu、また、その共晶点は 227 ℃ であり、鉛フリーはんだの中でも比較的高い部類に入る。

　共晶合金の組織は Sn-Ag 2 元共晶と同様で、図 3.20 に示すように β-Sn 初晶粒とそれを囲むように Cu_6Sn_5 微粒子/Sn 共晶組織が広がっている[16]。組織は類似していても、Cu_6Sn_5 は Ag_3Sn ほどには安定ではない。たとえば，図

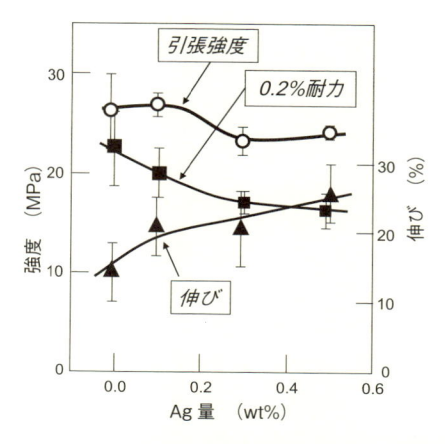

図3.21 Sn-0.7Cu の引張特性へ及ぼす Ag 添加効果

3.21 の微細な共晶組織は 100℃で数十時間保持することで消失し、粗大 Cu_6Sn_5 粒子分散組織へと変化してしまう。一般に、Sn-Cu 系はんだは、高温保持や熱疲労などの信頼性が Sn-Ag 系合金に比較して劣る。

この合金は、Ag を含まずに安価であることから、経済性を重視するはんだとして広く実用されている。また、金属間化合物（Cu_6Sn_5）の分散量が少ないことから、Sn-Ag-Cu 系に比較して柔軟であり、これを生かしたダイアタッチなどにも用いられている。ダイアタッチには、熱疲労に対する信頼性が望まれるが、Sn-Cu 系は、はんだ自体の耐熱疲労性よりも、柔軟性に利点がある。

この合金中の Cu_6Sn_5 を微細化させるために、Ag，Ni，Au などの第3元素微量添加が行われる。図3.21 には Ag を添加した場合の機械的性質変化を示すが、わずか 0.1 % の Ag を添加することで延性が 5 割ほど改善される[16]。また、Ni の添加はドロス発生を抑制する効果を持つことが知られ、フロー用量産ベースのはんだとしても定着している。ただし、ぬれ性は純 Sn に近く良好ではないため、両面基板の実装では、スルーホールぬれ上がりを期待できない。

3.3 Sn-Bi系合金の組織

Sn系合金にBiを添加したはんだは、図3.22の状態図[1]に示すように共晶点の139℃から232℃までのきわめて広範囲な融点を持つ合金になる。化合物は形成せず、Snマトリックス中には多量のBiが固溶することも他の合金系に無い特色である。ちなみに、Sn-58wt%Bi共晶合金は、低温はんだとして広く用いられており、長年の実績を持つ。

図3.23は、Sn-40Biの亜共晶組織を示す。Biは$10\mu m$以上の粗大な形状で晶出しており、初晶Snの中には微細な板状Biが析出している。これは、はんだの凝固後にSnの中から固溶度を失ってBiが微細析出したものである。この合金の問題の一つは、Biが硬く脆いことから衝撃に弱いことにある。一方で、大変面白いことに、Sn-Bi共晶合金は超塑性材料であり、この事実は古くから知られている。すなわち、その微細組織のために2000%近い延びを持てるのである。衝撃に弱い反面で超塑性、相矛盾するようであるが、変形の歪み速度依存性が大きいことが影響している[17]。図3.24には、他の合金も比較して、引張試験における伸びの歪み速度依存性を示した。

Bi添加量で融点を幅広く変化できるが、反面、固液共存領域が大きくな

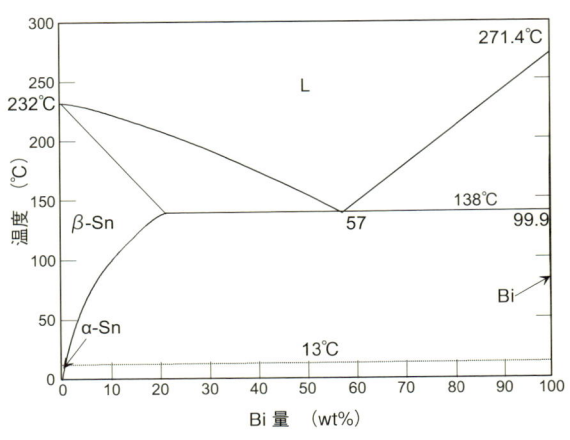

図3.22 Sn-Bi2元合金の状態図

図 3.23　Sn-40Bi 合金の組織（SEM 写真）

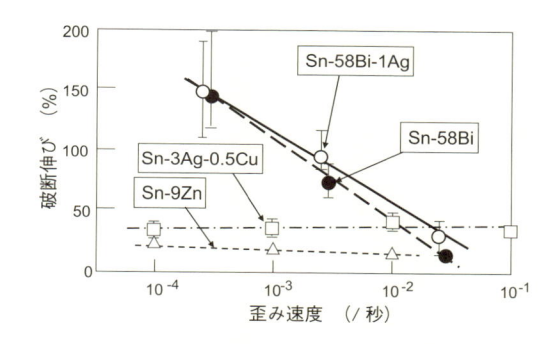

図 3.24　Sn-Bi 系はんだの延性へ及ぼす歪速度の影響[17]

り、凝固欠陥を形成する可能性が大きくなる。また、80 ℃では安定なこの合金組織も、100 ℃を超えると極端に Bi の粗大化が生じて脆くなる。さらに、Pb と相性が悪いので、共存はさせてはいけない。

　合金の延性改善のため、Ag の添加が検討されている。1 wt%Ag で最も高い破断伸びを与えるという報告もあるが[18]、図 3.25 のように延性改善のピークが 0.5 wt%Ag 近傍であることが示されている[17,19]。この差は、熱履歴に影響されやすいことを示すもので、低温においても Sn 中に Bi が固溶－析出し、組織変化し易いことが影響するようだ。

　では、Ag 添加の効果を状態図から見てみよう．図 3.26 は、Sn-58Bi に対

3.3　Sn-Bi 系合金の組織

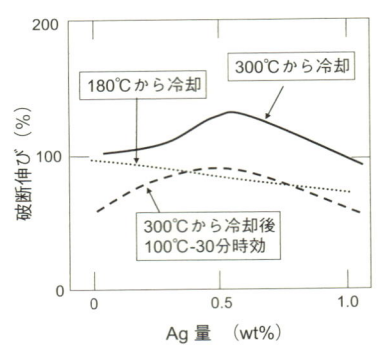

図 3.25　Sn-58Bi-xAg 合金の破断伸びに対する種々の熱処理の効果[17,19]

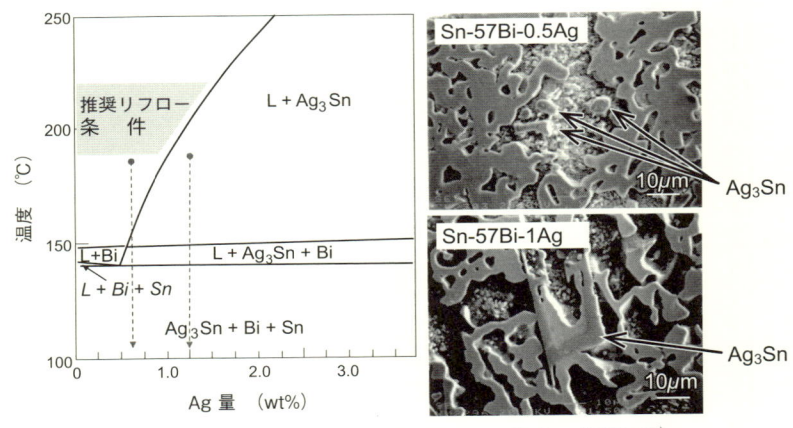

図 3.26　Sn-58Bi へ Ag 微量添加した場合の状態図[17]

して Ag 量を変化させたときの状態図を示している。Ag 量が 0.5 wt%（点 O）と 1.0 wt%（点 P）の場合の凝固過程に注目しよう。Sn-58Bi-0.5Ag の場合は、150℃近傍まで Ag_3Sn の初晶は生じない。一方、Sn-58Bi-1Ag の場合は、すでに 200℃においても Ag_3Sn が初晶として液体中に存在し、これが冷却過程で粗大化する。図 3.26 には、鋳造温度を変えた場合のこれらの組織も示す。Sn-Bi 共晶合金の利点が 200℃以下の低温実装を可能にすることにあるので、1 wt%Ag は添加量として多過ぎ、最適値として 0.5 wt%程度が適当で

あると言えるだろう。

3.4　Sn-Zn系合金の組織

Sn-Zn共晶はんだは、Sn-Pb共晶はんだに最も近い融点を実現でき、また機械的性質も良好で経済的であることから、実用例も多い。図3.27にこの系の状態図を示すが、化合物は形成せず、また合金元素は互いにほとんど固溶しない共晶合金になる。共晶組成はSn-8.8wt%Znで、共晶点が198.5℃になる。

図3.28は、Zn量を変化させたときの組織を示す[20]。Zn相は比較的大きく板状に晶出するが、脆くないので機械的性質を劣化させることはない。Znが酸化しやすいためフラックスに工夫が必要であるが、フラックス改良とBiの添加などでペースト特性は格段に改善され、大気リフローも可能なほどになっている。Bi添加量は、前述したように3 wt%が一般的である。Bi添加で変化する液相線、固相線の様子を図3.29の状態図に示す。窒素雰囲気の実装であれば、Biを含まないSn-9Znも利用が可能である。また、Alを微量添加することで、酸化を抑制する方法なども提案されている[21]。

Sn-Zn系はんだは、安価で良好な機械特性を持つ反面、高湿環境に弱点が

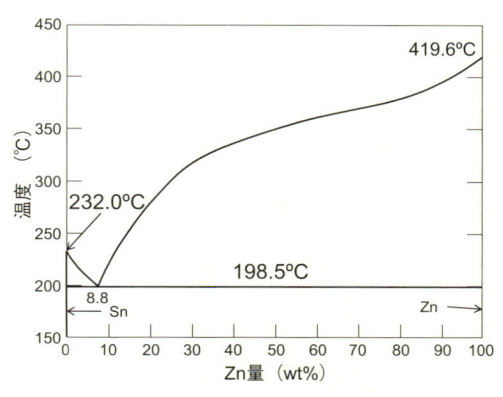

図3.27　Sn-Zn系合金の状態図

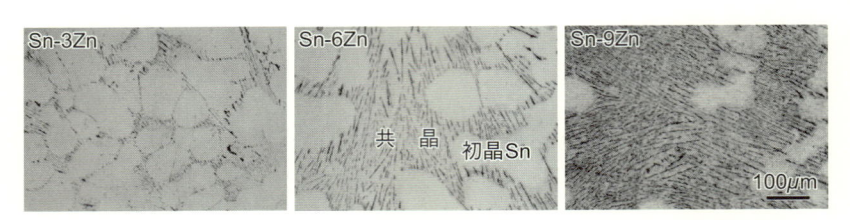

図 3.28　Sn-xZn 合金の組織（OM 写真）

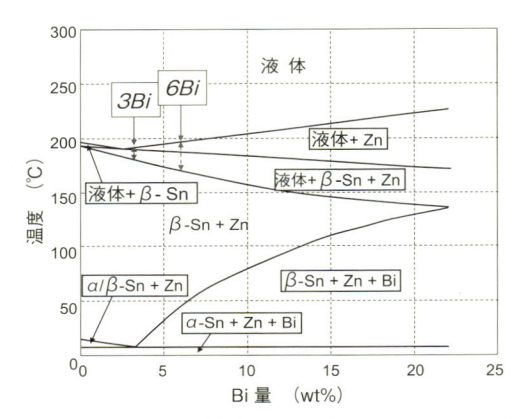

図 3.29　Sn-8Zn に対する Bi 添加による状態図変化

あり、注意が必要である。この現象は、Sn 中で Zn が選択的に腐食酸化するために生じる[22]。

3.5　Sn-Sb 系合金の組織

アンチモン（Sb）は、β-Sn に固溶できる数少ない合金元素の一つである。合金組織であるが、たとえば Sn-5Sb では、はんだ付けした瞬間は β-Sn に Sb が固溶しているが、冷却によって β-SnSb が析出してくる。また、Sn-10Sb 合金で融点は 250 ℃ 程度までになる。これらの合金の組織を図 3.30 に示す[23]。

Sb の Sn への添加は、表面張力を Pb や Bi と同様に低下させるので、ぬれ

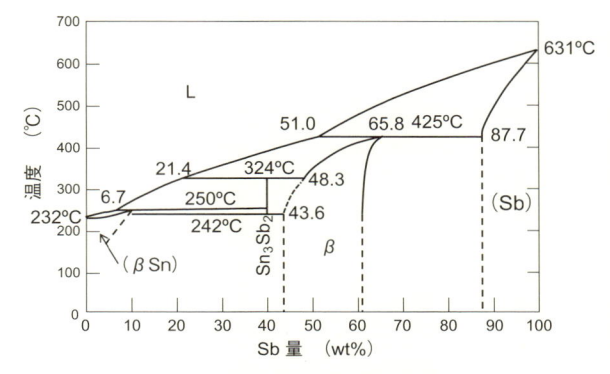

図 3.30　Sn-Sb2 元系合金の状態図

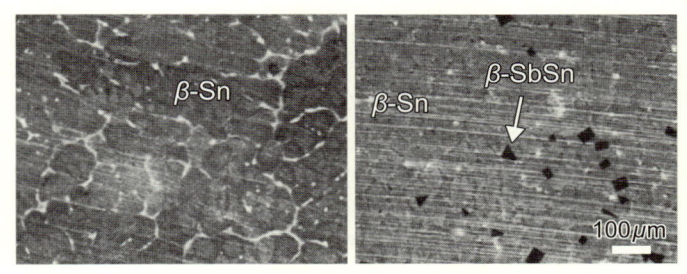

図 3.31　典型的な Sn-Sb 合金の組織[23]

性の向上には有効である。Sn-Sb 系は、温度サイクルや疲労に強い合金系であることが、従来から知られていた。この系は共晶組成を持たない合金系で、状態図は図 3.31 に示すように、液相線は Sb 量とともに上昇する。Sb は、200 ℃程度の高温では β-Sn 中に 10 ％近く固溶するが、室温近くになるとほとんど溶け込めなくなる。

3.5　Sn-Sb 系合金の組織

参考文献

1) "Binary alloy phase diagrams, 2nd edition", eds. by T. B. Massalski, H. Okamoto, P. R. Subramanian, L. Kacprzak, ASM International (1990).
2) 菅沼克昭,中村義一;日本金属学会誌, **59** (1995) 1299-1305.
3) E. Gebhardt, G. Petzow; *Z. Metallkde,* **50** (1959) 597-605.
4) C. M. Miller, I. E. Anderson, J. F. Smith; *J. Electron. Mater.*, **23** (1994) 595-601.
5) M. E. Loomans, M. E. Fine; *J. Electron. Mater.*, **31A** (2000) 1155-1162.
6) K. W. Moon, W. J. Boettinger, U. R. Kattner, F. S. Biancaniello, C. A. Handwerker; *J. Electron. Mater.*, **29** (2000) 1122-1136.
7) I. Ohnuma, X. J. Liu, H. Ohtani, K. Ishida; *J. Electron. Mater.*, **28** (1999) 1164-1171.
8) K. S. Kim, S. H. Huh, K. Suganuma; *Mater. Sci. Engineer. A*, **333** (2002) 106-114.
9) K. S. Kim, S. -H. Huh, K. Suganuma; *J. Alloy. Compd*, **352** (2003), 226-236.
10) K. Suganuma, C. W. Hwang; Proc. Electronics Goes Green 2000 +, ed. By H. Reighl and H.Griese, VDE Verlag, (2000) 67-72.
11) U. R. Kattner, W. J. Boettinger; *J. Electron. Mater.*, **23** (1994), 603-610.
12) H. Shimokawa, T. Soga, K. Serizawa; *Mater. Trans.*, **43** (2002), 1808-1815.
13) Y. Kariya, M. Otsuka; *J. Electron. Mater.*, **27** (1998), 1229-1235.
14) K.-S. Kim, T. Imanishi, K. Suganuma, M. Ueshima, R. Kato; *Microelectron. Reliab.*, **47**[7] (2007), 1113-1119.
15) 松永純一,中原裕之輔,二宮隆二;Mate2000, ㈳溶接学会(2000) 239-244.
16) S-H. Huh, K. S. Kim, K. Suganuma; *Material.Trans. JIM*, **42** (2001) 739-744.
17) 菅沼克昭,酒井泰治,金　槿銖;エレクトロニクス実装学会誌, **6** (2003), 414-419.
18) 山岸康夫,落合正行,清水浩三,植田秀文;エコデザイン'99 ジャパンシンポジウム論文集,㈳エレクトロニクス実装学会,東京 (1999) 54-55.
19) M. McCormack, H. S. Chen, G. W. Kammlott, S. Jin; *J. Electron. Mater.*, **26** (1997), 954-958.
20) K. Suganuma, K. Niihara, T. Shoutoku, Y.Nakamura; *J. Mater. Res.*, **13** (1998), 2859-2865.
21) 北嶋雅之,竹居成和,庄野忠昭,山崎一寿;第11回マイクロエレクトロニクスシンポジウム(MES2001),㈳エレクトロニクス実装学会 (2001), 247-250.
22) J. Jiang, J. -E. Lee, K. -S. Kim, K. Suganuma; *J. Alloys Compd.*, **462**[1-2] (2008) 244-251.

23) J. H. Kim, S. W. Jeong, H. M. Lee ; *Mater.Trans.*, **43** (2002) 1873-1878.

第4章

凝固で生じる欠陥
──粗大金属間化合物、リフトオフ、ボイド

　はんだは、もともと溶かして金属間を接続するもので、凝固したままの状態で用いる。つまり、鋳造組織で用いることになる。金属の鋳造では、信頼性確保のために凝固にかかわる欠陥形成への配慮が必要になる。具体的な対象となる欠陥には、初晶形成などによる組織粗大化、凝固偏析、凝固割れや引け巣、ボイドなどがある。はんだ付けも、この例外ではない。

　鉛フリーはんだへの移行において、凝固にかかわるいくつかの重要問題が浮かび上がった。それは、Sn系の合金の持つ特有の現象であり、Sn-Pbでも生じない訳ではない。その特徴的な現象は、リフトオフ、凝固割れ、ランド剥離、さらには、凝固偏析による諸現象である。鉛フリーはんだであるために生じやすいことも事実で、これら現象の理解を深めることで、より信頼性の高い実装が可能になるだろう。そこで本章では、代表的な欠陥の形成メカニズムについてまとめよう。

4.1　初晶粗大金属間化合物の形成

　標準鉛フリーはんだSn-Ag-CuやSn-Cuは、Sn-Pbと違って金属間化合物を生じる。前章で触れたように、金属間化合物が粗大に成長するかどうかは、まず状態図を見ることで予測でき、その抑制には、基本的に金属間化合

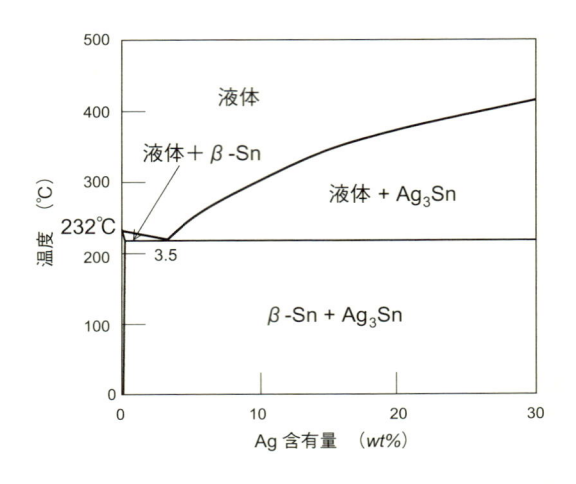

図4.1 Sn-Ag系の2元状態図

物の初晶を形成しない組成を選ぶことになる。図4.1には、Sn-Ag2元系合金のSn側状態図を再掲するが、この部分だけ見ると、意外と単純な共晶合金（擬似的にSn-Ag₃Sn系）の状態図として見なせることが分かる。

Sn-Pbの場合は、実用合金のPbの量はさまざまで、共晶組成の38 wt%より下であったり上であったり比較的自由に用いられてきた。それは、Pb組成が共晶組成の上下に変化しても、それほど急激な機械的性質変化が無いからである。しかし、Sn-Ag系のような鉛フリーはんだは金属間化合物を形成するので、話は異なる。基本的には、共晶組成からAg₃Sn化合物側へ組成を振ってはいけない。ただ、3.1.2項で述べたようにSn系合金は過冷度が大きく、初晶形成が何らかの凝固核の存在に影響されるので、亜共晶組成であっても粗大なAg₃Sn初晶の形成に注意を必要とする。

4.2 リフトオフ

リフトオフ（lift-off）は、両面基板のスルーホールで生じるはんだフィレットの配線からの剥離現象である。図4.2には、Sn-3Bi合金のフローはんだ付けで生じたリフトオフを示す[1]。半導体製造におけるリフトオフとは異な

図 4.2　Sn-3Bi 合金のスルーホールはんだ付けで見られる lift-off 現象[1]

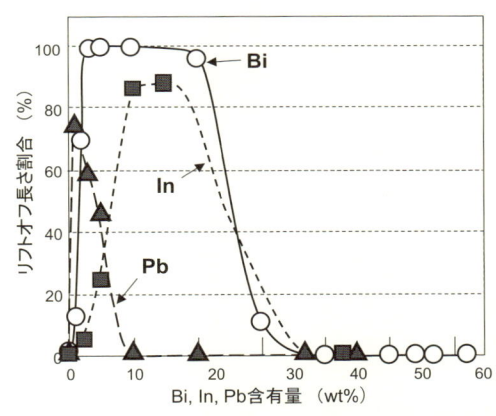

図 4.3　Sn2 元合金のリフトオフ長さ割合に及ぼす合金元素の効果[2]

るので、米国ではフィレット剥離（fillet-lifting）とも呼ばれている。リフトオフは、はんだの共晶組成から大きく外れた Bi, In, Pb などを含む場合に生じる現象で、実用条件では、特に Bi や In を数％以上、あるいは、Pb をごく微量含む場合に問題になる。図 4.3 は、これら合金元素の含有量がどのようにリフトオフに影響するかを示している[2]。

　両面基板の実装では、合金にこれらの元素が含まれる場合には基板の両面で起こり得るが、リード線の Sn-Pb めっきが引き起こすリフトオフはほとんど部品面側で生じる。この例を図 4.4 に示す。フィレットが、基板上面の

4.2　リフトオフ　55

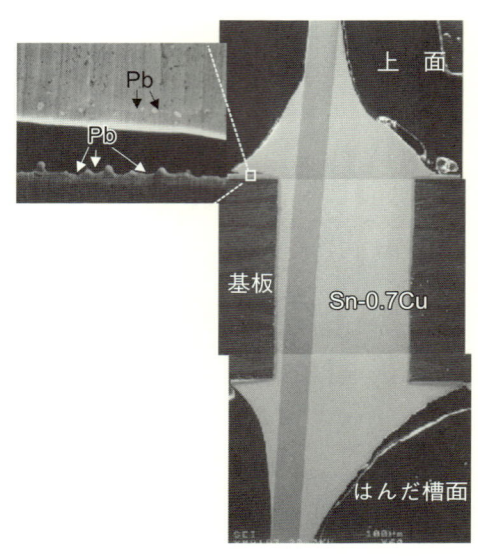

図 4.4　Sn-Pb めっきリードのフローはんだ付け生じたリフトオフ

Cu パッドからのみ剥離している。リフトオフが、信頼性に与える影響であるが、実は厳しい加速試験によってもほとんど断線不良は生じない。製品に厳しい信頼性が要求される場合は別として、信頼性への悪影響は少ないと言えるだろう。

　Bi や Pb などの合金元素がリフトオフを引き起こすメカニズムは、図 4.5 に示される[3]。原因には凝固現象が深くかかわり、ミクロ偏析、熱の伝わり方の不均一性、さらに基板の板面垂直方向への収縮などが大きく寄与する[6]。

　まず、固液共存領域の広い合金ではんだ付け温度から冷却が始まると、初めに液体中に木が成長するように樹状に固体が成長する（デンドライト成長）。この時、溶質元素である Bi や Pb が液相中に排出される。すると、次第に液体中には Bi や Pb 量が増加し、液体の融点は極端に下がる。これが、一つ目の因子になる。一方、基板上の部品のはんだ付けの凝固は 1 秒以内の一瞬で終わるものの不均一に進み、基板表面の Cu ランドは基板内部からの熱が伝わり、これに接するはんだフィレットは固まらない。フィレットで最終的に液体が残るのは、スルーホール内部とフライパンの上のように熱くなる

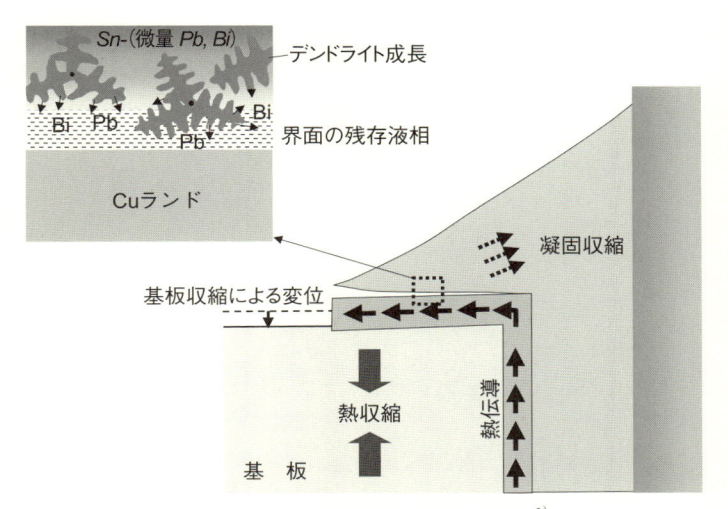

図4.5 リフトオフ発生メカニズム[3]

ランドに接するはんだ界面部分になる。これが，二つ目の因子である。これら二つの効果で、界面近くに液層が形成される。

　界面が固まれない状態で、はんだの凝固収縮や基板の厚さ方向の熱収縮の力がフィレットに働く。実装基板は、繊維強化プラスチック（FRP）だが、これは板面方向の熱膨張を小さくして搭載される電子部品に掛かる熱歪みを小さくするように設計されているので、板面に垂直方向への熱収縮は格段に大きくなる。したがって、界面に液相があれば、熱収縮だけでもフィレットは基板から浮く。厚い基板ほどリフトオフが顕著に生じるのは、基板内部の蓄熱量が大きなことと、これが一因である。

　Sn-Pbめっき部品で生じるリフトオフは、はんだの流動も関係する。部品のリード表面に存在するPbめっきは、溶けたはんだとの接触で溶解し、はんだの流れに沿ってスルーホール中を運ばれ、最後に基板上部のCuランドとの界面に集積する。このため、基板の下面のフィレット中にはPbは存在せず上面でのみPbが濃化し、リフトオフの引き金となる。図4.4の右上の写真には、Pb偏析が示されている。

　フローはんだ付けでは、フロー槽の組成が変化する。基板や部品からの元

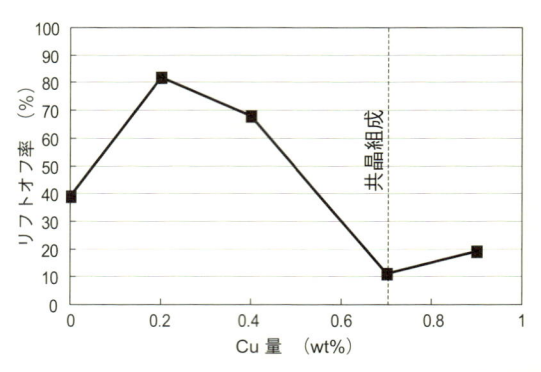

図 4.6　Sn-3.5Ag-xCu のリフトオフへ及ぼす Cu 量の影響[4]

素の混入が原因であるが、主な組成増加元素は Cu であるが、鉛めっき部品があれば Pb もあり得る。Cu の増加は Pb との共存によってリフトオフを増加させる。図 4.6 は、Pb が混入した状態で Cu 量を変化させたときのリフトオフ発生率を示す。Cu がもっとも共晶組成に近い 0.7 wt%でリフトオフ発生率が最も小さくなり、この組成からはずれるほど増加している[4]。また、リフトオフとは違うが、1.4 wt%以上に増加すると針状の Cu_6Sn_5 が多量に発生するので、ブリッジ発生が顕著になる。このように、フロー槽中のはんだ組成の管理は大切な項目になる。

　スルーホールが無い表面実装でも、鉛めっき部品などがあるとリフトオフ類似の現象が生じる。QFP や IC などのリード部品の大きな基板へのリフローはんだ付け後に、2 度目のリフローやフローはんだ付けを行う場合に生じる[5]。いったん接続した部分には、ミクロ偏析から Pb がリッチになり、厳しい場合には Sn-Ag-Pb の 174 ℃の低融点層が界面に生じる。この部分が 2 度目の加熱で再溶融するために、界面に液相が生じリード剥離につながる。基板の反りの影響が大きく、図 4.7 にはそのメカニズムを示す[5]。リード材質もミクロ偏析に大きく影響し、42 アロイ（Fe-Ni 合金）のリードは Cu リードに比べて偏析は著しくなるので、要注意である。

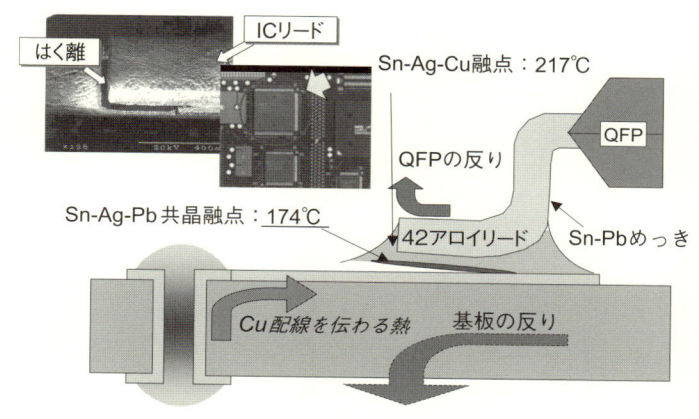

図 4.7　Pb 汚染によって引き起こされる複合プロセスでのリード剥離[5]

4.3　凝固割れ（引け巣）

　前節では、ランドパッドとフィレット界面の剥離現象に関して述べたが、はんだフィレット中でも、凝固はミクロ偏析を生じながら進む。つまり、デンドライトが成長する隙間には液体が存在するが、その凝固の一瞬に熱歪みが加わると液体の部分が割れる。凝固割れ、または、引け巣（「凝固割れ」が正しい名称）の発生である。これは、一般の金属の鋳造でも観察され、その発生メカニズムも良く理解されている。図 4.8 には、スルーホール部の Sn-Cu はんだフィレットに引け巣が発生した例を示す。

　表面実装で生じた凝固割れを図 4.9 に示す[6]。これは、IC リードで最後に固まるところがバックフィレットの部分で、そこに割れが集中する。実装基板上のはんだの凝固は不均一であり、凝固の方向や速度によって大きく左右される。フィレット形成で最後に固まるところに発生したものが、この例である。

　割れとまでは行かなくても、Sn-Ag-Cu や Sn-Cu は表面の凹凸が激しくなるはんだである。この凹凸の断面を図 4.10 に示すが、凸の部分は Sn のデンドライトで、凹の部分が共晶組織になる。つまり、Sn 固体がデンドライト

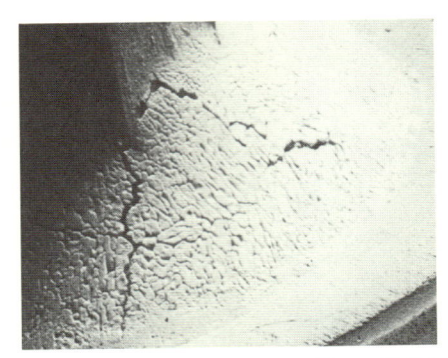

図 4.8　Sn-0.7Cu のスルーホールはんだ付けで発生した凝固割れ

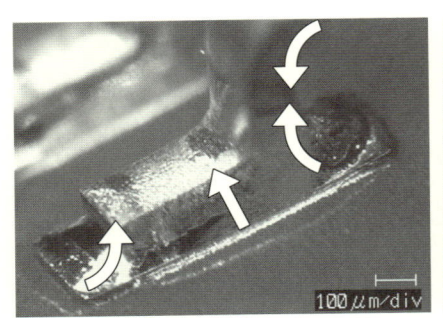

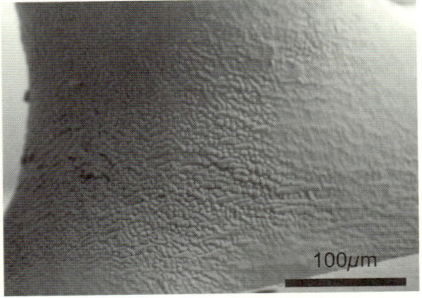

図 4.9　Sn-3Ag-0.5Cu リフローはんだ付けのリードのバックフィレット左図に発生した凝固割れ。右図の矢印は凝固の方向を示す

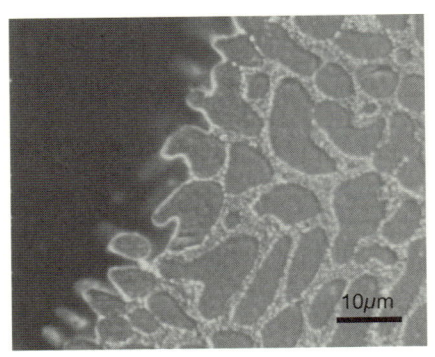

図 4.10　Sn-3Ag-0.5Cu フィレットの表面近くの断面組織

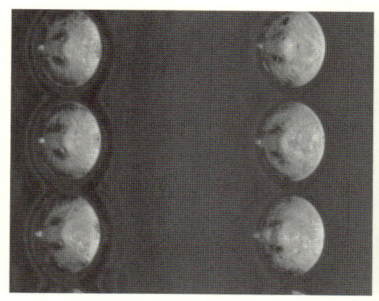

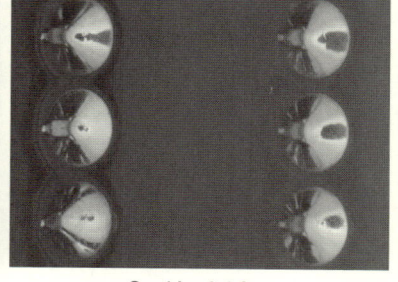

Sn-3Ag-0.5Cu　　　　　　　　Sn-4Ag-0.9Cu

図 4.11　Sn-Ag-Cu 組成により表面状態を変えることが可能（千住金属工業より）

状に先に固まり、その後に共晶液相が固まり、凝固収縮のために共晶液体がSn粒の隙間に引き込まれる。

　温度サイクルなどの負荷がこれら凝固割れに応力集中を生じないか懸念されるが、凹の部分の先端組織は共晶組織で硬いので、変形が先行するのはSn デンドライトになるだろう。ただ、例外が無いとは言い切れないので、出来るだけこのような状態を生み出さないことが望まれる。冷却速度を早くすると効果的だが、表面亀裂を生じない Sn-Ag-Cu 組成も報告されている。図 4.11 はそのはんだのフィレットを示すが、はんだ表面に光沢があり、表面の凝固欠陥形成が抑制されている。Ag 量が多いことは前節で述べたように気になるが、一つの優れた選択肢と言えるだろう。

4.4　ランド剥離

　ランド剥離は、凝固の欠陥そのものではないが、はんだの凝固に伴って生じる欠陥としてここで紹介しよう。リフトオフが生じずフィレットの凝固割れも発生しない場合、ランドパッド自体が基板から剥離することがある。この例を図 4.12 に示す。これは、はんだの凝固中に蓄積された応力が緩和されず、ランドと基板の界面に集中したために生じるものである。従来、基板の吸湿が影響して Sn-Pb 共晶はんだのフローはんだ付けなどでも発生した。ランド剥離は、温度サイクルなどによって配線の破壊につながる恐れがある

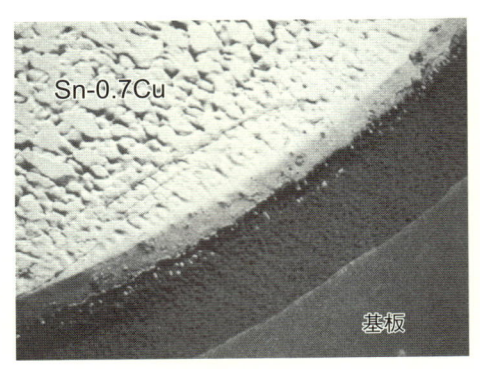

図 4.12　Sn-0.7Cu のスルーホールのフローはんだ付けで発生したランド剥離

ので、設計段階で抑制する必要がある。

4.5　凝固欠陥に関するまとめと高信頼性化対策

　さて、粗大金属間化合物形成、リフトオフをはじめとする凝固欠陥への対策に最後にまとめよう。それぞれの現象の発生因子の一つ、あるいは数個を同時に抑えることが出来れば、それぞれの欠陥形成抑制策になる。以下のポイントが挙げられる。

粗大金属間化合物対策
1）合金組成を Ag 量の低い側へ固定する：3.2 wt% 程度までにすると安心だが、他の凝固欠陥とのトレードオフになる。
2）冷却速度を速める：初晶の粗大化は、冷却速度が遅い場合に顕著になる。冷却速度を速めることが効果的である。
3）凝固核を入れる：証明されていないが、過冷度の大きな場合に粗大な化合物が形成しやすいようだ。凝固が早く始まり微細化するように、凝固の核を入れるのは金属組織微細化の常套手段。

リフトオフ対策

1）片面基板を用いる：この効果は言うまでもない。
2）共晶に近い組成にする：Sn-3.5Ag-0.7Cu 付近が最も良い。
3）Bi，In 添加合金は用いない：固液共存領域幅を抑えることが肝心。また、高温から固体が生じることを避け、液相線自体を下げる工夫をする。
4）Sn-Pb めっき挿入部品は用いない：これも言うまでもない。
5）はんだ付けの冷却を早くする：デンドライト形成の粗大化を防ぎ、偏析をなくする。たとえば水冷で完璧に抑制することができる。
6）徐冷をする：冷却中のリフトオフや凝固割れが生じる前に温度降下を止め、焼鈍する方法。焼鈍により Bi 偏析を促進させ、有害な界面への偏析を止め、デンドライト骨格の焼鈍も兼ね残留応力を軽減する。
7）組織微細化のための合金元素添加：微量の第3元素を添加し Bi の偏析を少なくする。
8）熱伝導の工夫：基板の設計にかかわるが、基板の熱伝導を良くし放熱を考慮した設計も重要。メタルコアを持つ多層基板なども可能性はある。
9）基板の熱収縮量を小さくする：基板の厚さ方向の収縮量を小さくすることで、リフトオフへ働く力の軽減ができる。

複合プロセスで問題になるフィレット剥離に対しては、さらに次の項目が加わる：

10）冷却の早い Cu リード部品を用いる。
11）基板の反りも影響するので基板反りを抑える。

リフトオフ抑制の最も早い近道は、はんだに Bi、In、Pb などを含まないはんだ組成、めっきにすることである。基板自体の熱伝導を良くし熱膨張を小さくすることなど基板材質の検討や設計は、プロセス制御と併せてリフトオフ対策が工夫できるが、これはリフトオフばかりでなく信頼性全般を向上

させる。

凝固割れ対策

リフトオフの対策は、おおむね凝固割れにも当てはまる。下記がリフトオフ対策の 2) に置き換わる。

1) 共晶組成より上目に設定：リフトオフ抑制とは少々異なる組成だが、Sn-4Ag-0.9Cu 近辺がよい。

ランド剥離対策

1) Cu の基板への接着力を高める：特にはんだ付けの行われる高温域の接着強度。
2) 基板自体の強度改善：基板が割れる場合もあるので、その強度改善。
3) レジストをパッドの周囲へかぶせる。
4) 防湿対策を行う。
5) 実装レイアウトの最適化：配線を含め冷却効果を狙う。

以上、凝固にかかわる各種欠陥の総括を行った。現象を解明すれば、その対策が見えてくることをご理解頂けたであろう。

4.6　Pb 汚染が起こす現象

Pb の微量混入は前記したようにリフトオフを引き起すが、この他にも、信頼性へ影響する幾つかの問題が生じる。航空宇宙用途などでは鉛フリーはんだと鉛フリーはんだめっきが残る場合もあるので、本節では現象の概要と対応策などに関して少し簡単にまとめよう。

4.6.1　結晶粒界の劣化

Pb が微量存在すると、熱疲労亀裂の形成を促進する。図 4.13 は、スルーホールに同じ太さのリード線を通し、そのめっきの種類が －40 ℃ から 125 ℃ の間の温度サイクル（熱疲労）の亀裂発生に及ぼす効果である[6]。基板は同

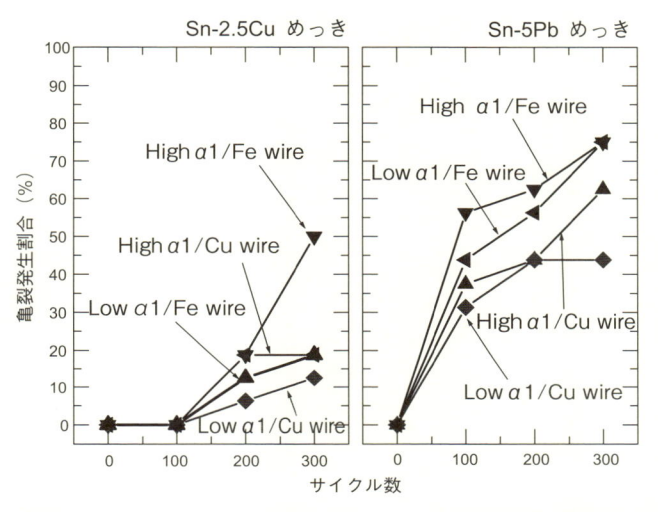

図 4.13 温度サイクルを受けた Sn-0.7Cu フィレット亀裂の発生状況へ及ぼす各種パラメータの影響[1]
（High α1：基板の膨張係数大、Low α1：基板の膨張係数小）

じ FR4 で、めっきを Sn-Pb と Sn-Cu とで比較している。リード線の折り返しはしておらず、基板面垂直向、はんだ、リード線の膨張の差が亀裂発生に影響する構成である。熱膨張の大小は、以下の順となる：

$$\text{基板} \gg \text{はんだ} > \text{Cu リード} > \text{Fe リード}$$

いくつかの興味深い効果が見えているが、まず、はんだフィレットの亀裂発生には、基板に垂直方向の熱膨張差がかなり利くことが明らかだ。

さて、Pb が混入したはんだフィレットには亀裂が多く発生している。図 4.14 は、そのはんだフィレットの断面で、亀裂の差が一目瞭然である。また、亀裂は Sn の結晶粒界に沿って走り、図 4.15 のように粒界には局部的に Pb が濃縮している。Pb は、温度サイクル中に Sn の粒界に集まり、粒界を弱めている。

リード線の材質のはんだフィレットの亀裂発生へ及ぼす効果も、明確に現

4.6 Pb 汚染が起こす現象

Sn-2.5Cu/Cu

Sn-5Pb/Cu

Cuリード線　　　　　　　　Feリード線

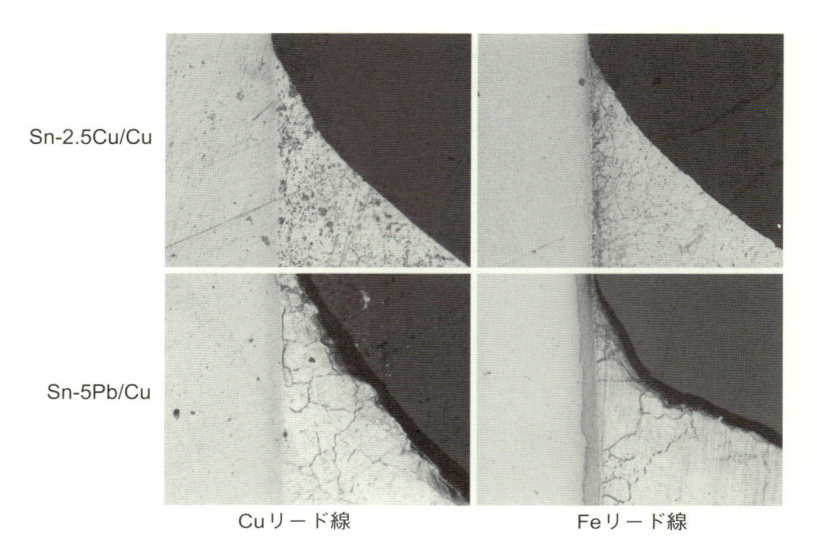

図4.14　100サイクル後のフィレット断面組織（基板：High α1）[1]

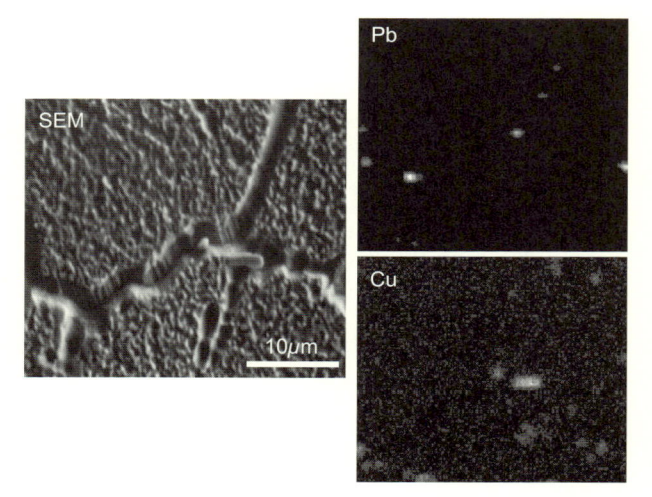

図4.15　100サイクル後のフィレット内亀裂とEPMA面分析
（Low α1/Sn-Pb めっき/Cu wire）[1]

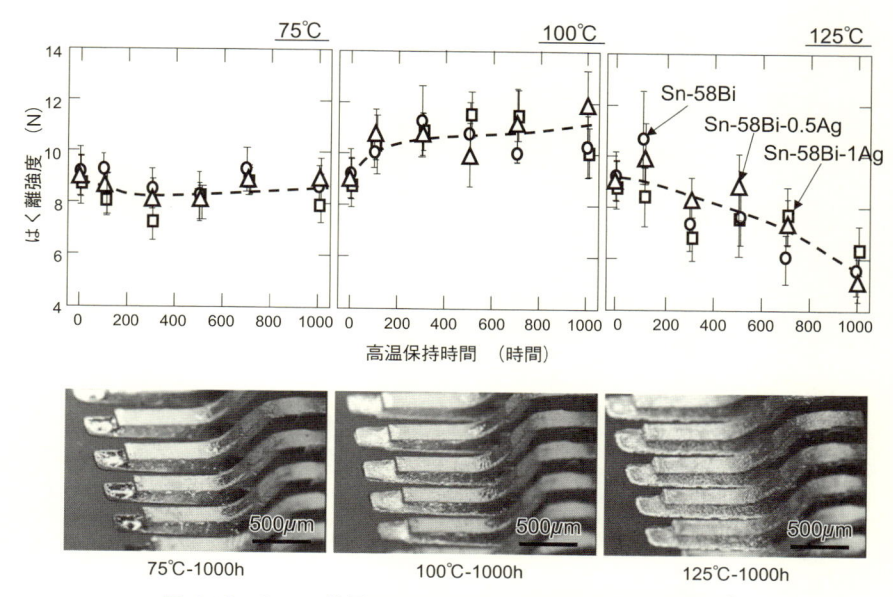

図 4.16 Sn-Bi 共晶はんだの QFP 実装の高温保持試験[7]

れている。Cu リードより Fe リードの方が、多数の亀裂が発生している。はんだに近い熱膨張を持つ Cu リード線の方が、信頼性は高くなると言えるだろう。

4.6.2 低温相形成による界面劣化

Pb の混入は、Bi 入りはんだの場合に、さらに深刻な劣化を生じる。Sn、Pb、Bi が共存すると偏析する場合が多く、局部的に約 100 ℃ まで融点が下がる。

前章 3.3 節で紹介したように、Sn-58Bi は、200 ℃ 以下の実装温度を可能にする低温はんだの代表格である。表面実装では、最高温度 100 ℃ までの信頼性が大変優れている。ところが、Sn-Pb めっき部品との相性には注意が必要である。図 4.16 には、Sn-Pb めっきされた QFP リードの実装後のはんだ付けせん断強度の高温保持試験による変化を示している。100 ℃ まではほとんど劣化しないが、125 ℃ になるとかなり劣化が進んでいる。これは、

4.6 Pb 汚染が起こす現象

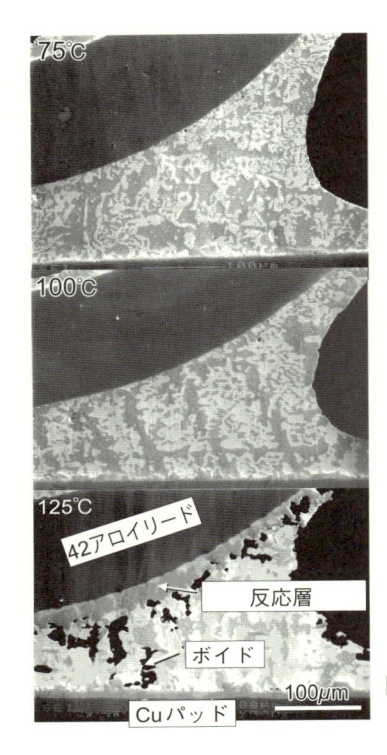

図 4.17 各温度で 100 時間保持後のフィレット断面組織[7]

Sn-Bi-Pb 低融点相が界面に形成され、著しい界面反応が進行するためである。図 4.17 は、1000 時間後のはんだ付けフィレットの断面組織だが、42 アロイリード側と Cu 配線側のいずれも化合物層が厚く成長し、特に Sn-Pb めっきが存在していた 42 アロイ側の化合物は数十 μm の厚さまでになっている。また、粗大なボイドが形成されている[7]。液体が存在する状態では、元素の拡散は固体中より数桁速くなり、界面の反応は極端に進む。

この他にも、Bi を含んだ鉛フリーはんだである Sn-Zn-Bi などでも、同様の Sn-Pb めっきの存在による界面劣化が知られている。影響が顕著になるはんだ中 Bi の量は、3 wt% 程度である。

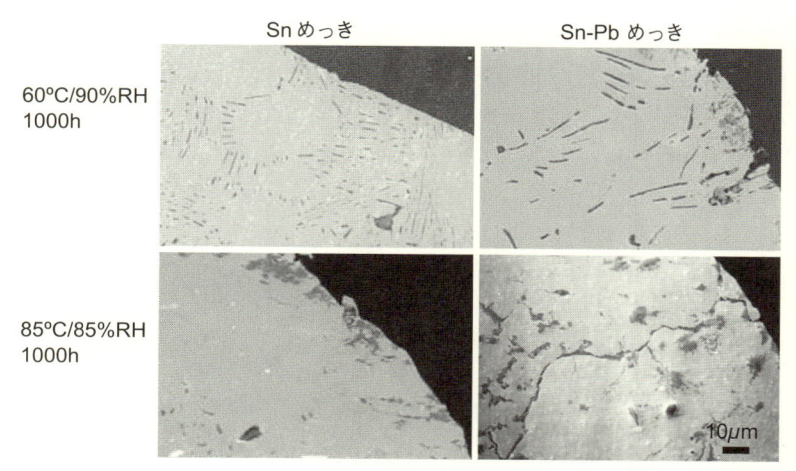

図 4.18　Sn-9Zn はんだフィレットの Zn の酸化状態へ及ぼす Sn-Pb めっきの影響[8]

4.6.3　拡散促進による劣化

　Pb が微量存在すると、他の元素の拡散が促進される場合がある。これが、望ましくない反応の促進につながり劣化する例を紹介しよう。

　Sn-Zn 系はんだは、低温はんだとして実用化されているが、湿度には弱いことはすでに述べた。高湿環境では、Zn が選択的に酸化して ZnO を形成し、脆弱になるためである[8]。図 4.18 は、チップ部品の実装でめっき種類をSn-Pb と Sn にし、85℃/85%RH の厳しい条件で加速試験したときの様子を示す。Sn-Pb めっきの場合、Zn の酸化がフィレット表面から内部まで深く進んでおり、ほとんどフィレット全面が酸化している。それに対して、Sn めっきの場合には、表面近くは多少酸化するが内部までは進んでいない。Pb の存在が Zn の酸化を加速しているわけだ。ちなみに、Bi は Pb と同じ様な効果を持っており、Bi が存在することで Zn の酸化が加速されることが知られている。

　このような、第 3 の元素が他の元素の拡散に影響を与えることは良く知られているが、Sn 系の場合には報告例がわずかで、十分には理解されていない。

4.6　Pb 汚染が起こす現象

4.6.4 Pb汚染が引き起こす信頼性低下に対する対策

さて、本節で紹介したPb汚染が引き起こす信頼性低下に対する対策をまとめよう。まず、基本が完全なPbフリー化が必要である。電極めっきの鉛フリー化、フロー槽のPb汚染の管理、あるいは従来機器のリペアなどでもできるだけPbの混入を防ぐ管理対応が必要である。どうしても、一部にPbが残る場合として、それぞれの項目に対して、以下のように対策が可能になるだろう。

結晶粒界の劣化
1）Sn粒界の強化：通常の金属では第三相を微細分散させるなどの手段があるが、はんだでは有効な手法が報告されていない。
2）熱膨張差の小さい部品選択：消極的な答であるが、はんだに近い熱膨張係数を持つ基板（板面に垂直方向！）、リード線を選ぶと歪みを小さくでき、温度サイクルへの耐性が向上する。

低温液相形成による界面劣化対策
1）BiとPbを共存させない：Bi量が微量な場合は問題が少ないが、Sn-Bi共晶、Sn-8Zn-3Biなどでは対策が必要だろう。
2）100℃以下の温度範囲に限定する：どうしてもこの組み合わせが生じる場合は、機器の使用温度を100℃以下程度に絞る。

拡散促進による劣化
残念ながら、完全な鉛フリー化の他に良い対策は無い。

以上、微量のPb汚染がSn系の合金において他の元素の拡散を促進し、思わぬ劣化を生じる例をいくつか紹介した。Pbは、鉛フリー化に時間を要する高信頼性機器でしばらく残存するだろう。Sn-Pbめっきから混入するばかりでなく、Sn原料にも微量のPbが不純物として含まれるので、注意が必要である。従来のはんだのリサイクルから混入してくるケースもある。はんだ中のPbの管理は、1000 ppmの法規の下ではもちろん重要であるが、信頼

性の確保の観点からも大切な事柄になる。Pb ばかりでなく、他の微量元素の存在も信頼性へ影響する。たとえば、Bi にも同様の効果が認められているので、注意を怠ってはいけない。

参考文献

1) K. Suganuma: *Scripta Materialia*, **38**（1998），1333-1340.
2) H. Takao, H. Hasegawa: *J. Electron. Mater.*, **30**[5]（2001），513-520
3) K. Suganuma, M. Ueshima, I. Ohnaka, H. Yasuda, J. Zhu and M. Matsuda: *Acta Mate*r., **48**（2000），4475-4481.
4) 日比野俊治，末次憲一郎，高野宏明，田中正人：MES2000,（2000），211.
5) 石塚直美、松本昭一、河野英一、金井政史：Mate2001,（2001），411.
6) S.-H. Huh, K.-S. Kim, K. Suganuma: 4th Pacific Rim International Conference on Advanced Materials and Processing（PRICM4），eds. By S. Hanada, Z. Zhong, S. W. Nam and R. N. Wright, Japan Inst. Metals,（2001），1071-1074.
7) K. Suganuma, T. Sakai, K.-S. Kim, Y. Takagi, J. Sugimoto, M. Ueshima: *IEEE Trans. On Electronics Packaging Manufacturing*, **25**[4]（2002），257-261.
8) J. Jiang, J.-E. Lee, K.-S. Kim, K. Suganuma: *J. Alloys Compd.*, **462**[1-2]（2008），244-251.

第5章

はんだのぬれ

　ぬれは、水や油などの液体がガラスなど固体表面へなじみ広がる様子を示すもので、長年の物理現象としてさまざまな取組で研究が為されてきた。平面上の液滴が接触する接触点の角度を接触角と言うが、この接触角が90°以上を「ぬれない」、90°以下を「ぬれる」という。ぬれ現象は、ナノレベルの物質移動からマクロ流体の運動までを含み、未だに最先端科学の対象でもある。ここでは、実用的な面からはんだの基板上のぬれについて考えてみよう。なお、書物には「濡れ」と書かれる場合もあるが、本書では「ぬれ」と表すことにする。

5.1　はんだのぬれ性

　はんだ付けにおいて形成されるはんだフィレットの形状は、実装機器の信頼性に大きく影響を及ぼす。はんだのぬれ性はフィレットの形成に重要な役割を果たすことから、はんだぬれ性がはんだ付け工程の重要因子に数えられるわけである。ぬれ性を左右する因子には、Sn自体の表面張力に加え、Sn自体の電極との反応性、電極やはんだの表面を覆う酸化膜の状態が影響する。はんだが電極にぬれるメカニズムを図5.1に示したので、これを基に少し説明しよう。

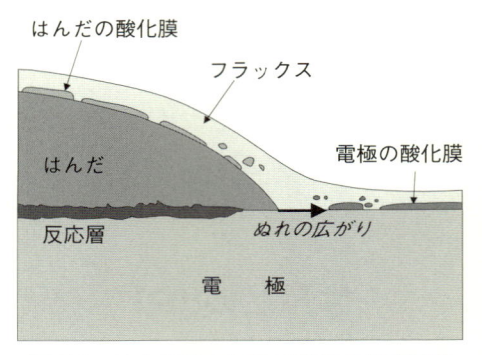

図 5.1　はんだのぬれ性に及ぼす各種因子

Young-Dupreの式

$$\gamma_s = \gamma_m \cos\theta + \gamma_{sm}$$

$$W_{ad} = \gamma_s + \gamma_m - \gamma_{sm}$$

$$W_{ad} = \gamma_m (1 + \cos\theta)$$

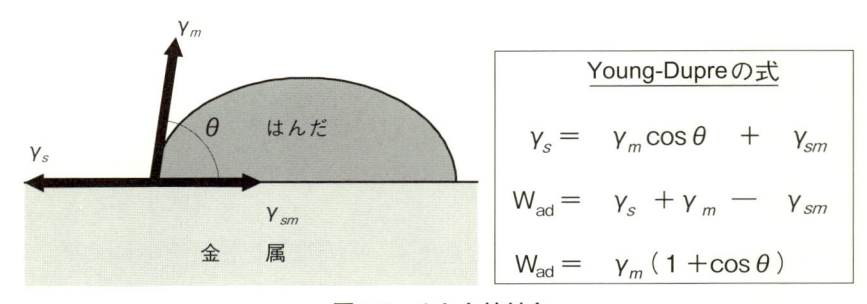

図 5.2　ぬれと接触角

　ではまず、ぬれ性の基本パラメータに関して述べておこう。界面結合を左右する重要な因子として考えるべきことには、まず、はんだや電極表面に存在する酸化膜を有効に破壊してフレッシュな金属面同士を接触させること、界面反応を適度に抑えること、さらに、出来上がった反応組織が安定であることの3点がある。

　接合界面の強さは、古くからぬれ性試験によって評価されてきた。図 5.2 には、最も一般的な静滴法（sessile drop）の模式図を示す。図中の接触角 θ を用いて、金属の表面エネルギー γ_m と付着仕事量 W_{ad} が次式で求められる（Young-Dupre 式）。

$$W_{ad} = \gamma_m (1 + \cos\theta) \qquad (5.1)$$

接触角 θ の測定から、(5.1) 式より接合性を評価できる。この式で、表面エネルギーは「表面張力」と読み代えることも可能である。ほとんどの金属の表面エネルギーは熱力学データベースとなっているので、実験で接触角 θ を測定し (5.1) 式から W_{ad} 求めれば、界面強度を予測する便利な指標になる。接触角を求める方法には、静滴法のほかにも後述するメニスコグラフなどもある。

基本的には反応しやすい系が界面形勢に有利であるが、はんだ付けの場合には酸化膜の影響が大きく、反応性の高い金属は酸化膜が界面形成を阻害する場合が多い。この場合、強力なフラックスか、還元雰囲気が必要になる。接触角が 90 度より低い場合が「ぬれる」、90 度より大きい場合が「ぬれない」と呼ばれ、また、一度ぬれたものが "dewetting"(ぬれが戻ってしまう現象)することもあり、この場合にははんだと金属間化合物の界面本来のぬれ性が影響すると考えられる。リペアなどで一度界面に金属間化合物が生じたところへはんだ付けする場合などにも、はんだと金属間化合物の界面状態が、ぬれに大きく影響を与える場合がある。

5.2　温度や合金元素の影響

はんだ付け温度は、ぬれ性へ大きく影響する。一般に、酸化の影響がない雰囲気では温度が高いほどぬれ性が良くなるが、これは表面張力の現象と界面反応に依存している。純金属の場合、表面張力はおよそ次式のように線形に減少する。

$$\gamma_m = A - B \cdot T \qquad (5.2)$$

ここで、A、B は材料定数で、T が温度である。これが、合金になると図 5.3 のように、変曲点をもつ曲線になる[1]。

合金元素の種類や添加量は、ぬれ性に大きく影響する。その例を Sn-Pb,

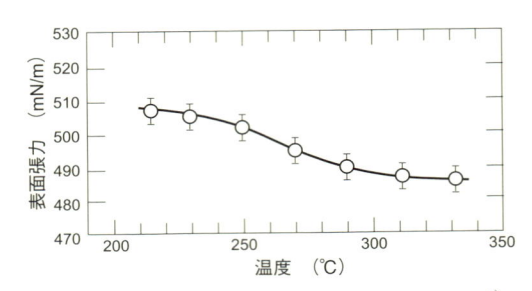

図 5.3 Sn-40Pb 合金の表面張力の温度変化[1]

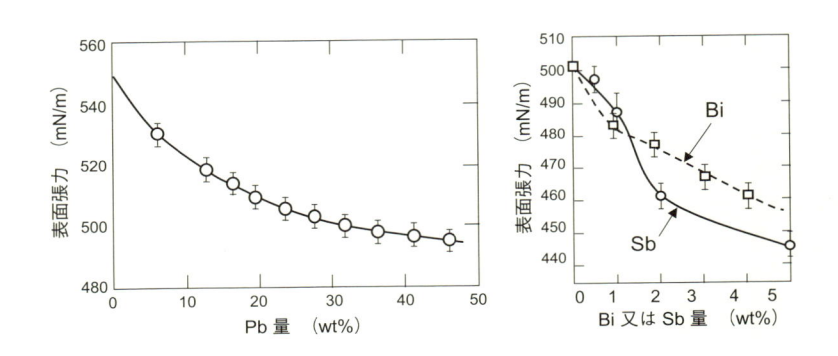

図 5.4 各種はんだの表面張力へ及ぼす合金組成の影響[1]

Sn-Bi, Sn-Sb の各 2 元合金の表面張力の組成依存性として、図 5.4 に示そう。いずれも添加量の増加に伴い表面張力が低下している。言うまでも無く、(5.1) 式からはんだの表面張力が小さいほどぬれ性は向上する。しかし、Cu, Ag, P などの添加に関しては、さほどの効果はないか、むしろ、悪くするとも報告されていたり、あまり統一された理解には至っていない。一方、Zn は著しくぬれを阻害する[2]。これは、Zn 酸化の影響が大きいためだ。

もともと Sn の酸化膜は強固であり、真空中と言えどもぬれ性に及ぼす影響は無視できない。Sn のぬれ性に関し報告されている接触角のデータは多いが、残念ながらこれらの情報では酸化膜の影響を完全に除くことは出来ず、科学的に真のぬれ性のデータとしては信頼性に乏しいものと言わざるを

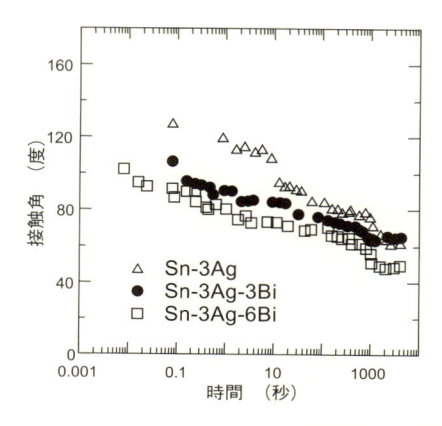

図 5.5　Sn-3Ag-xBi の 42 アロイへの接触角の時間変化[3]

得ない。また、酸化膜の破壊に伴うぬれの進行に相まって、次節で述べる界面反応相の成長が同時に生じるので、ぬれ性の時間依存性は強い。図 5.5 は、高速度カメラで捉えた接触角の時間変化を示している[3]。

　一方、工業的に行われる実際のはんだ付けは短時間に大気中で行われ、ほとんどの場合にフラックスが用いられる。フラックスは、Sn 合金の酸化膜の除去と共に電極の酸化膜の除去を同時に果たす。フラックスは主に 3 成分から成り、ベースとなるロジン（松脂）が 20～30 %、表面を清浄化するアミンなどの活性剤が 1 % 以下、残りの溶剤にアルコールなどが用いられる。一般には、米国の MIL 規格に準じた RA 系（塩素（Cl）分の多い強活性）と RMA 系（弱活性）とに分類されている。

　フラックスの活性度が高いほど、酸化の影響が抑制され、ぬれ性は改善される。図 5.6 は、フラックス中の Cl 濃度がはんだの Cu 板上のぬれ広がり率に与える影響を示している[4]。Cl 濃度の増加と共に、Sn-Pb 共晶はんだ、鉛フリーはんだ共に広がり率が拡大している。

　フラックスを用いても得られるぬれ性が不十分な場合には、窒素雰囲気などの不活性雰囲気や水素還元雰囲気などが用いられる。水素は十分に高温にならないと効かないが、ギ酸を用いる場合もある。また、ガラスなどの非金属材料の接続には、フラックスを用いずに超音波を印加することによるぬれ

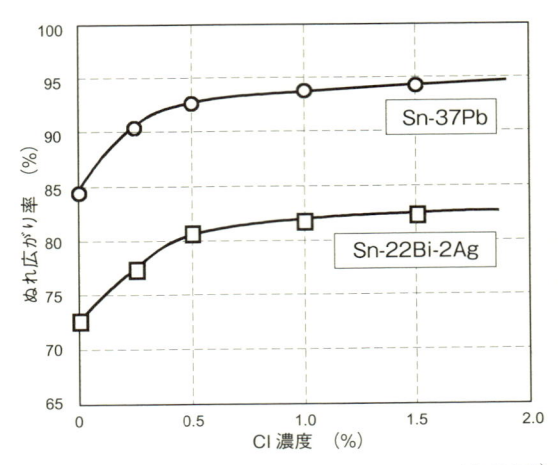

図 5.6 フラックス中の塩素量がぬれへ及ぼす効果[4]

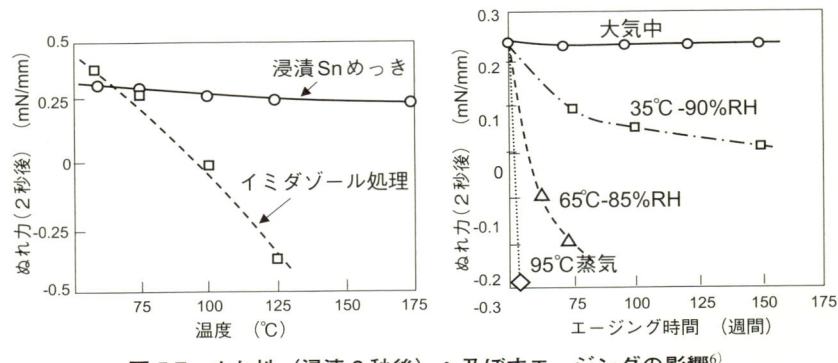

図 5.7 ぬれ性（浸漬 2 秒後）へ及ぼすエージングの影響[6]
（左）1 時間処理後のぬれ力変化、（右）高温高湿の影響

性の確保が行われている[5]。

　さて、ぬれ性には、電極側の表面処理の種類や状態も大きな影響を与える。図 5.7 は、浸漬 Sn めっきとイミダゾル処理された Cu 表面のぬれ力（2 秒後）を 100 ℃前後で 1 時間処理されたあとの変化を比較している[6]。イミダゾル処理では温度の上昇に伴いぬれ力が低下しているが、これは 100 ℃を越えた

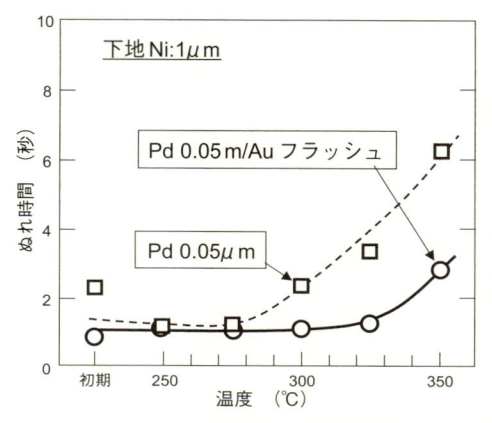

図5.8　ぬれ時間へ及ぼす Au/Pd 表面処理の影響[7]

付近からイミダゾルが分解開始するため酸化が進行することに起因する。これに対し、浸漬 Sn めっきでは酸化進行が遅いので大きな変化はない。基板や部品の保存の条件も、ぬれ性に著しく影響を及ぼす。図 5.7 には湿度の影響も示している。この場合のぬれの阻害は、酸化が進行することで Sn 酸化膜が厚く成長することで生じると考えられる。

　基板配線や部品電極のめっきとして、Sn/Ni, Au/Ni あるいは Au/Pd/Ni などがしばしば施される。いずれのめっきも、Cu 表面の酸化を防止し、ぬれ性を確保するために行われ効果的である。図 5.8 は、ぬれ時間に及ぼす表面処理とエージング時間の関係を示し、Pd のみでも良好な酸化防止効果を示すが、275℃ を越えると Pd の酸化が進行するため、ぬれが悪化する[7]。これに対し、Au フラッシュを施した場合は、325℃ まで良好な状態が保たれている。

5.3　Sn 合金と金属の界面反応の影響

　Sn 合金と金属の界面形成では、ほとんどの場合に金属間化合物の層状形成を伴う。図 5.9 は、典型的な Cu 電極上の2つの界面組織を示す。(a)は1分以内の短時間に接合された界面で、現実に在るほとんどのエレクトロニク

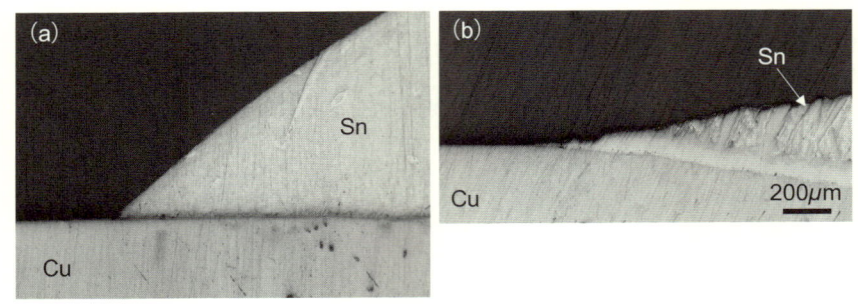

図 5.9 典型的なはんだ（純 Sn)/Cu 接触界面のエッジ部分
(a) 250℃-1 分程度の反応、(b) 250℃-30 分間の反応

ス機器のはんだ付けに近い界面である。この場合には、基板金属表面の形状変化は少なく、ほぼ平坦と考えて良い。一方、(b)の界面は高温で長時間はんだ付けした場合に見られるもので、電極の著しい浸食が起こり界面化合物層が厚く成長し、さらに、Sn 中に一旦溶けた Cu が化合物として分散している。この界面は、基板がもはや平坦ではないため、接触角の測定には注意を要する。

5.4 ぬれ性試験方法

はんだのぬれ性の評価には、接触角を評価するよりも実装を模擬したメニスコグラフ試験（ウェッティング・バランス）や、ぬれ広がり評価が広く行われている。この他に、浸積法、グローバル法などさまざまな評価法がある。以下には、代表的なメニスコグラフ法と広がり試験法を紹介する。

5.4.1 メニスコグラフ（ウェッティングバランス）

この方法は、図 5.10 のように試験片をはんだ層へ浸積し、引き上げる時の荷重曲線を測定し、このぬれ曲線を用いてぬれ時間および浮力補正したぬれ力を評価する方法である。フローはんだ付けを模擬する試験法として定着している。

ぬれ力 F は、次式で与えられる。

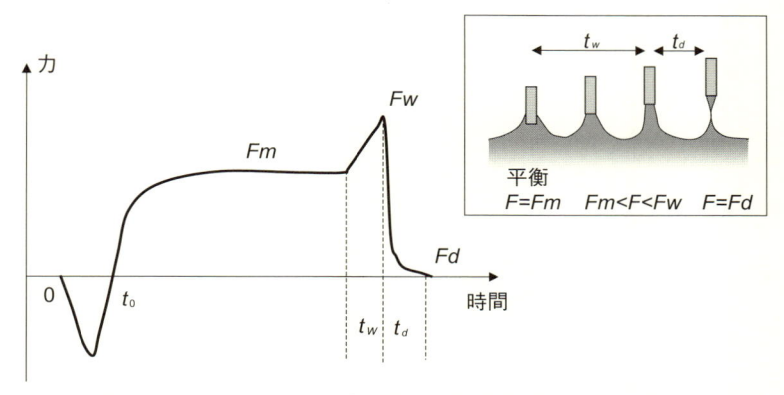

図5.10 ウェッティングバランス法（メニスコグラフ法）
t_0：ぬれ時間（ゼロクロスタイム），Fm：最大ぬれ力，tw：ピーク時間，
Fw：最大引張力，td：ドロップ時間，Fd：最終力

$$F = p\gamma\cos\theta - \rho g V \tag{5.3}$$

ここで、p は試料の周囲長、γ ははんだの表面張力、ρ は密度、g は重力加速度、V は浸漬体積である。

評価で得られるパラメータとしては、ぬれ力（F）、ゼロクロス時間（tzero）などが重要である。メニスコグラフ法のぬれ時間は必ずしもぬれの本質を示すものではなく、試験片サイズと表面状態、はんだ浴の表面積と体積、フラックス、試験条件などの影響を受ける。たとえば、浸漬速度に依存したぬれ時間とぬれ力の変化の例を図 5.11 に示す[8]。

5.4.2　広がり試験（JIS Z3197）

広がり試験は一定量のはんだを用い、はんだ付け処理による広がり前後のはんだ高さを測定し、次式を用いて広がり率を求める方法である（図 5.12）。

$$広がり率（\%） = 100 \times (D - h) / D \tag{5.4}$$

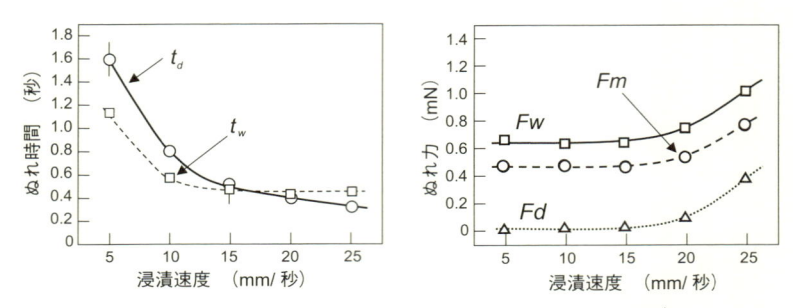

図 5.11 ぬれ時間とぬれ力へ及ぼす浸漬速度の影響[8]

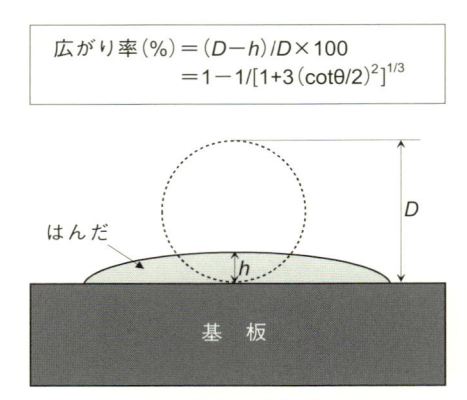

$$広がり率(\%) = (D-h)/D \times 100 = 1 - 1/[1+3(\cot\theta/2)^2]^{1/3}$$

図 5.12 ぬれ広がり試験 (JIS Z3197)

　ここで、h は広がったはんだの高さ（測定値）、D は試験に用いたはんだを球とみなしたときの直径である。均一広がりを確保することと、時間依存の広がりの効果を考慮しなければならない。通常、Sn-Pb 共晶はんだでは 90% を越えるぬれ広がりを示し、鉛フリーはんだでもこれに近いぬれ値が得られる。

　ぬれ広がりを評価する方法として、この他にも一定量の微量はんだ（0.3 mg 程度）を銅板上に置き、そのぬれ広がり面積を評価する簡便な方法がある。図 5.13 にはこの測定例を示す[9]。

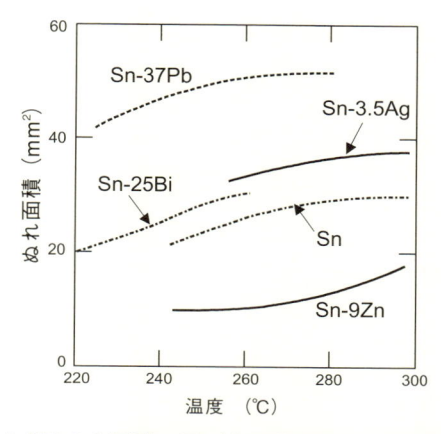

図 5.13 各種はんだのぬれ面積へ及ぼす温度の影響（真空中の測定）[9]

5.5 ぬれ性に関する課題

　本章でははんだのぬれ性に関する話題に関し述べたが、ぬれ現象は、材料の界面形成の本質である一方で、酸化や界面反応の時間依存性などの影響を受けるので、その本質を理解することがきわめて難しい。近年の実装は高密度ファインピッチへ確実に向かっており、はんだ付けはこれに答えられるべく発展するよう望まれている。ファインピッチ化と高信頼性化が同時に要求されるこれからの実装技術には、はんだのぬれ性の根本からの理解と評価技術の確立、さらに、微小部位でのぬれ性の制御方法の開拓が強く望まれる。

参考文献

1) M. A. Carroll, M. E. Warwick; *Mater. Sci. Technol.*, **3** (1987), 1040-1045.
2) M. E. Loomans, S. Vaynman, G. Ghosh and M. E. Fine; *J. Electron. Mater.*, **23** (1989), 741-746.

3) C-W. Hwang, K. Suganuma, E. Saiz, and A. P. Tomsia ; *Trans. JWRI*, **30** (2001), Sp. 167-172. Third International Conference on High Temperature Capillarity, HTC2000, Kurashiki, 19-22 November, 2000.
4) 原 四郎「鉛フリーはんだ評価報告集 vol.1」, 回路実装学会鉛フリーはんだ研究会 (1997), 21-22.
5) 沓掛行徳, 旭硝子研究報告, **30**[2] (1980), 122-133.
6) J. Y. Park, C. S. Kang, J. P. Jung ; *J. Electron. Mater.*, **28** (1999), 1256-1262.
7) U. Ray, I. Artaki, H. M. Gordon, P. T. Vianco ; *J. Electron. Mater.*, **23** (1994), 779-785.
8) H. Tanaka, M. Tanimoto, A. Matuda, T. Uno, M. Kurihara, S. Shiga ; *J. Electron. Mater.*, **28** (1999), 1216-1230.
9) 菅沼克昭, 回路実装学会誌, **12**[3] (1997), 83-89.

第6章

はんだ付けの界面反応と劣化

　はんだ付けの強さは、界面組織の状態で決まる。この意味で、はんだ付けにおける界面反応、これによってできる界面組織を理解することが大切である。よく、「はんだ付けの界面反応層の厚さはどのくらいが良いのでしょうか？」と、聞かれることがある。この答えは意外と難しい。本当は、強度を低下させる界面反応層が無いに越したことはないが、界面反応層が見えないと、はんだ付けが出来ていないのではないかと危惧されることも事実である。本章では、はんだ付けにおける界面形成に関してまとめよう。

6.1　はんだと金属の反応

　はんだ付けでは、溶けたはんだが金属電極に触れ、はんだが液体、金属側が固体の状態で反応が進む。図6.1にこの様子を模式的に表した。はんだ付けは数十秒から数分間の短い間の反応だが、電極側がCuであると界面相の成長はかなり速い。基本的にSnが界面で反応し、合金元素、たとえばAgやBiなどは界面で化合物形成には参加しない。Znなどの活性な金属は、例外的にSnよりも先に反応する。図6.2は、典型的なSn-Ag-CuはんだとCuとの界面組織を示す[1]。Sn-Pb共晶はんだも含めて、ほとんどのエレクトロニクス機器のはんだ付け界面構造が、同様の界面構造を持つ。はんだ側には

構成材料 ＋ プロセス条件
⇩
ぬれ広がりと界面形成
＋
反応層の成長と凝固欠陥形成

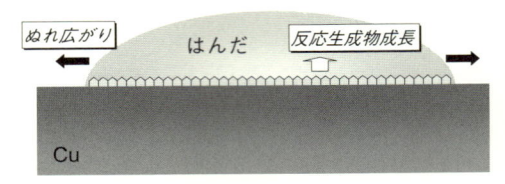

図 6.1　はんだ付けの界面形成

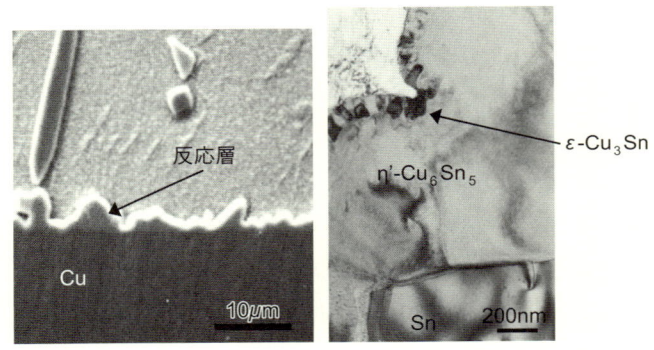

図 6.2　Sn-Ag-Bi 系はんだと Cu のリフロー界面[1]

凹凸が目立ち、基本的に溶けていたはんだ側へ化合物が成長する。この反応層は、はんだ側から貝殻状（scallop）の Cu_6Sn_5 化合物と Cu 側に薄い Cu_3Sn で構成される。リフロー状態では、Cu_3Sn は 1 μm 以下の薄い層状で、SEM 観察でもほとんど見えない。写真に見られる反応層のほとんどの部分は、Cu_6Sn_5 になる。

　界面層の厚さは、接続構造の信頼性へ大きく影響する。特に、厚く形成された反応層は、そのサイズの欠陥が入ったときと同じ影響を及ぼす。界面反応層は金属間化合物で脆く、実装基板や部品などとの熱膨張や弾性率などの

物性差が大きく、厚く成長するほど亀裂を生じやすいためである。したがって、界面反応状態と反応層成長のメカニズムを知ることが、信頼性確保のために重要になる。

図 6.3 は、はんだが固相状態における反応で、Sn と Sn-3.5Ag の Cu との界面反応層の成長の様子を示している[2]。両者の反応層の構成は同じでも成長速度が異なり、わずかな Sn の量の差と合金元素の Ag の影響と考えられる。

全反応層の厚さの時間変化を見ると、ほぼ反応層厚さが $\sqrt{t}$ に対して比例し変化していることが分かる。多くの固相反応では、反応層の成長を元素拡散が律速することが知られており、下記のように数式化することができる。

$$X - X_0 \propto \sqrt{t} \tag{6.1}$$

ここで、X が反応層厚さ、X_0 は初期厚さ（所定の温度まで達する間に成長した部分）、t は反応時間になる。温度の効果を組み入れると、拡散の活性化エネルギー Q を用いて次のようになる。

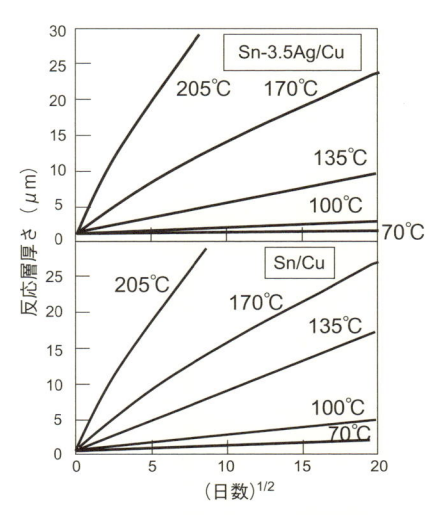

図 6.3 固相における反応層成長[2]

$$X(t,T) = X(0,T) + k_0 t^n \exp\left(-\frac{Q}{RT}\right) \tag{6.2}$$

ここで、A は定数、R はガス定数、T は絶対温度で表した反応温度である。ちなみに、元素の拡散は、はんだ中や電極中を考えるのではなく、反応層中の拡散を考える。

拡散律速である場合は、$n = 0.5$ になる。(6.2)式は、正確には反応層が一つの場合を表すが、複層の場合でもかなり良い近似を与える。実際、Sn 系合金/Cu 界面の固相反応では2層の化合物相が存在するが、0.4〜0.5 の範囲の値を取ることが多く報告されている。この式から、実験データをアーレニウス・プロットすることによって活性化エネルギー Q が求められ、Q に対するデータベースさえ調べると、何が拡散に寄与しているかを推定することができる。

少々複雑なのは、固体状態でも拡散のルートが必ずしも一つではない場合がある。ましてや、はんだ付けにおいては片側が液体なので、さらに現象は複雑で界面形成の理解に注意が必要になる。図 6.4 には、考えるべき元素の拡散ルートを模式的に描いた。Cu や Ni は Sn 中の拡散が非常に早い元素として知られている。Cu が基材の場合は、化合物中を通って Sn 中へ一方向に Cu の拡散が生じ、原子が欠乏する界面（金属間化合物と Cu の界面）でボイドが出来る。これをカーケンドルボイド（Kirkendall void）という。拡散は、バ

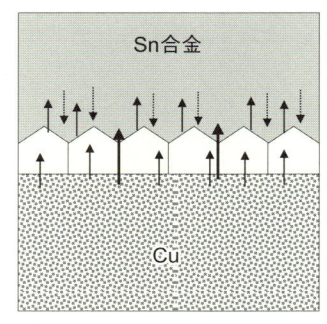

図 6.4　Sn 合金と Cu 界面の固相における拡散経路

ルク中の格子拡散の他に、粒界や界面に沿った拡散の効果も無視できない場合がある。特に、温度が低い場合、粒界のような原子配列が乱れた箇所を優先的に拡散し、Sn そのものが本来あるべき結晶格子の欠陥（空孔）ばかりでなく、格子間の隙間（格子間隙）を拡散しやすいことから、単純な予測ができない場合がある。もちろん、場合によっては相互拡散を考慮することもある。

はんだ付けにおける反応層の成長は、Cu の溶解反応を伴うために単純な拡散律速であるとは言い切れない。実際に、250℃ 近傍の反応では、Cu/Sn-Ag 界面で $n = 0.33$（> 220℃）、Ni/Sn-Pb-Ag 界面でやはり $n = 0.33$（250℃）が実測されている[3]。ただ、Cu/Sn-36Pb-2Ag の 189℃ 以上の反応では、$n = 0.25$ も報告されているので十分に説が固まっているわけではない[4]。現象を正確に理解するためには、はんだの組成、基材種類、反応条件などを総合して、個別の検討が必要になるだろう。

ちなみに、界面の反応自体が遅い場合、界面反応律速で化合物が成長する。つまり、本来の化合物成長速度が速く界面で分解し供給される元素が少ない状況であるが、この場合は $n = 1$ になる。はんだ付け界面での反応は、ほとんどの場合、明らかに界面反応律速ではない。

さて、はんだ付けにおいては、拡散による層成長に加え、はんだ中への元素の溶解、凝固過程における晶出（precipitation）がある。図 6.5 には、このはんだ付けにおける界面層成長を、要素ごとに分解して示した。晶出部分の影響は、全体の成長に比較すると小さく、無視できる。また、Sn 合金側の界面は、図 6.1 に示されるように凹凸の激しい状態になるが、より立体的に見ると図 6.6 のような小石を敷き詰めたような反応生成物が形成されている。ここに見えている化合物は Cu_6Sn_5 だが、多少丸みを帯びた多面体状になっている。このような凸凹になる現象は、溶けたはんだ中では原子の拡散がきわめて速く（固体中より数桁速い）、成長しやすい面が結晶の表面にきれいに現れるためである。一つ一つの「石ころ」が単結晶として成長しており、反応層中の粒界拡散やはんだ液相に接する表面拡散が、成長を律速すると考えられている。このような反応層の成長は、図 6.7 のように説明される。これは、"FDR（Flux-driven Ripening）理論" と言われるが[6]、Cu の供給される

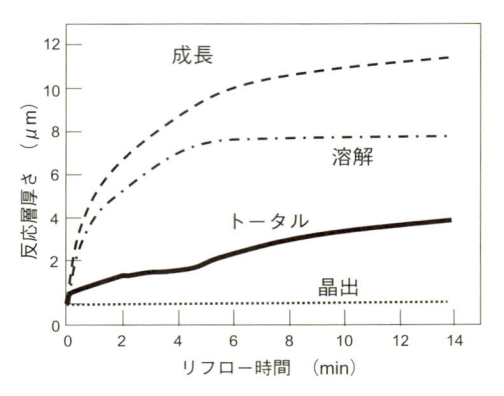

図6.5　Sn-3.5Ag/Cu 界面のリフローにおける反応層成長[4]

図6.6　Sn-3.9Ag-0.6Cu リフロー後の Cu 基板上の反応層形態
（酸ではんだを溶解した）

拡散の流れは、Cu_6Sn_5 粒子間隙を Cu が高速に拡散するというものである。この理論では化合物表面積は時間とともに変化せず、体積だけが増えることになる。

　しばしば、反応層が界面から遊離するスポーリング現象（spalling）が見られる。また、当然であるが、反応層が遊離した後に、新たな化合物層が界面から成長するようになる。図6.8 は、Sn-Zn 系はんだと Au/Ni-P 無電界めっき界面の反応層の様子を示したもので、明らかに Au-Zn 化合物層が界面から遊離している[7]。後述するが、Sn-Ag-Cu 系でも同様の現象が認められ、

90　｜　第6章　はんだ付けの界面反応と劣化

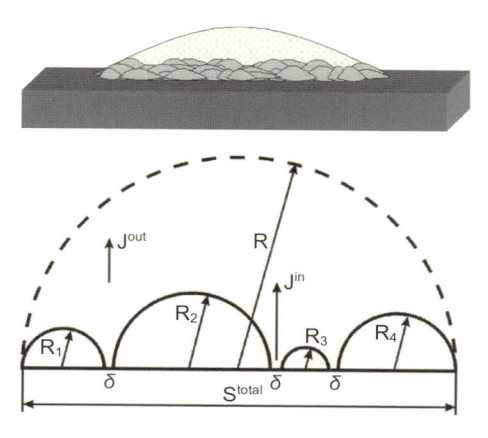

$$2\pi R^2 \cong \Sigma 2\pi R_i^2 \cong 2S^{total}$$

図 6.7　溶融はんだと基板の界面反応を予測する FDR 理論[6]

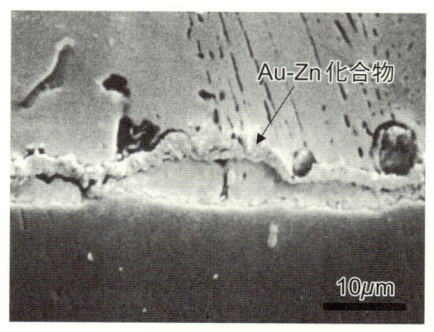

図 6.8　Sn-8Zn-3Bi/Au/Ni/Cu 界面で見られたスポーリング[7]

接合強度へ影響することが分かっている。元素の拡散が液相中で大変速いことがここでも関与している。

6.2　ブラック・パッド

Au フラッシュ/Ni-P 無電解めっきは、Cu 配線の酸化や汚染の問題がない

信頼性の高いめっき技術として定着している（ENIG めっきと略称される）。どちらかというと、ぬれ性を確保したい高級な基板処理になる。ところが、この Au/Ni-P 基板でしばしば生じる市場故障がある。綺麗にはんだ付けできたと思ったところが、市場に出たとたんに部品の脱落が起こったり、後から手はんだで修正をしたらポロリと剥がれたりなどする。信頼性問題としてこの Ni-P めっきは、実に悩ましい存在である。故障基板の部品の剥離面が黒く見えるところから、「ブラック・パッド（black pad）」と呼ばれている。図 6.9 に、典型的な剥離面を示す。

　ブラック・パッドの原因には、2 つの因子が絡んでいる。一つはめっきそのものの品質が悪い場合で、もう一つははんだ付け条件にかかわるものである。それぞれの詳細説明の前に、まず、基本的な Ni と Sn の界面構造をまとめておこう。図 6.10 は、純 Ni、Ni-P 解めっきと、Sn-Ag、および、Sn-Ag-Cu はんだのリフロー界面の構造を模式的に表した[8]。リフロー後の反応層は大変薄く、$2\mu m$ 程度である。はんだ側に Ni_3Sn_4 が形成され、Ni 側にはきわめて薄い Ni_3Sn_2 層が形成される。Ni_3Sn_2 は 20 nm 程度で、SEM 観察では見えない。Ni めっきには、その酸化を防ぐために Au フラッシュめっきがされるが、Au フラッシュめっきは 50 nm 程度で薄く、リフローの瞬間に溶けてはんだ中へ分散する。

図 6.9　ブラックパッドで IC が脱落した基板

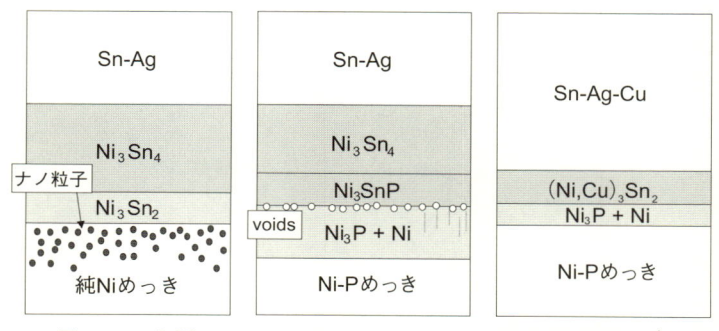

図 6.10　各種 Ni めっきと Sn-Ag (-Cu) の反応界面模式図[8]

6.2.1　めっきの品質が原因のブラック・パッド

最も多く用いられている無電解 Ni めっき組成が、中りんと呼ばれる Ni-6wt%P 近傍の組成である。ブラック・パッドの多くの場合は、まず Ni-P めっきの品質が悪い場合に起こると言って良いだろう。悪いめっきとは、Ni-P が酸化 (腐食) しためっきを指す。Au フラッシュめっきを施してしまうと Ni-P めっきの善し悪しが見えない。そこで、Au めっきを特殊な液で剥がして観察した表面が、図 6.11 である[9]。正常なめっきは白いなだらかな凹凸状態を示すが、劣化しためっきは黒い斑点や亀裂状の組織を顕著に示している。

図 6.12 は、劣化めっきの断面組織を示す。この写真から、黒点や亀裂状に見えた部位が、アモルファス状の腐食組織であることが分かる。この黒色の組織は、Cu が下地から染み出して Ni とともに酸化腐食した組織である。はんだ付けにおいては、Au フラッシュめっき表面にあるために、あたかも良くぬれているように見えるが、実際は Ni めっきが酸化しているので、界面が形成されない。この Ni めっきの酸化 (腐食) は、置換めっきの持つリスクと言えるだろう。めっき液そのものと、浴の管理のノウハウが重要になる。

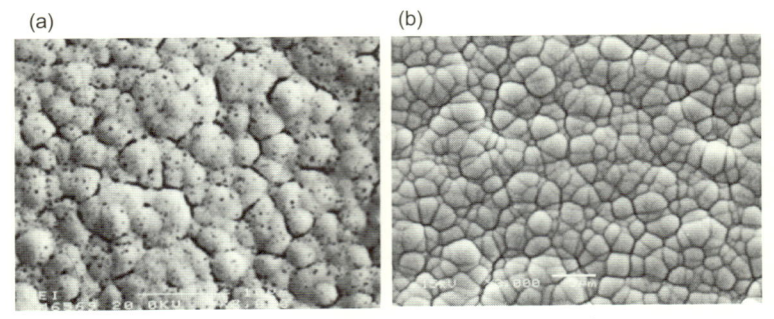

図 6.11　Au 層を剥離した Ni-6P めっき[9]
(a)ブラックパッドが発生した Ni-P めっき　(b)正常な Ni-P めっき

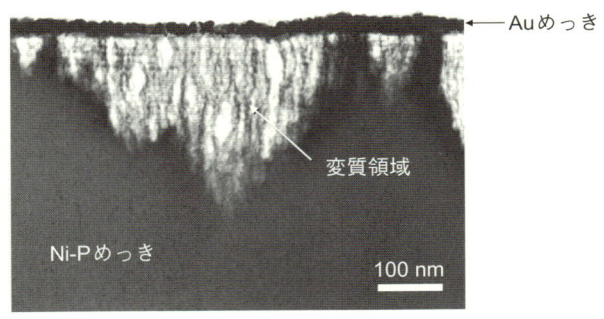

図 6.12　ブラックパッドを発生したはんだ付け前の
基板表面の TEM 写真

6.2.2　はんだ付けの条件で生じるブラック・パッド

　リフロー処理条件が厳しすぎる場合にも、ブラック・パッドが生じる。これは、界面反応が厳しすぎることによるものだ。

　図 6.13 は、Sn-Ag 共晶はんだボールと Au/Ni-P めっきの 230 ℃の反応の様子を示すが、リフロー時間を変化させた場合の界面組織変化である[10]。マルチリフローを想定したものと思って欲しい。Sn-Ag/Ni-P 界面組織が刻々と変化していることが分かる。まず、40 秒のリフローでは、Ni めっき層は

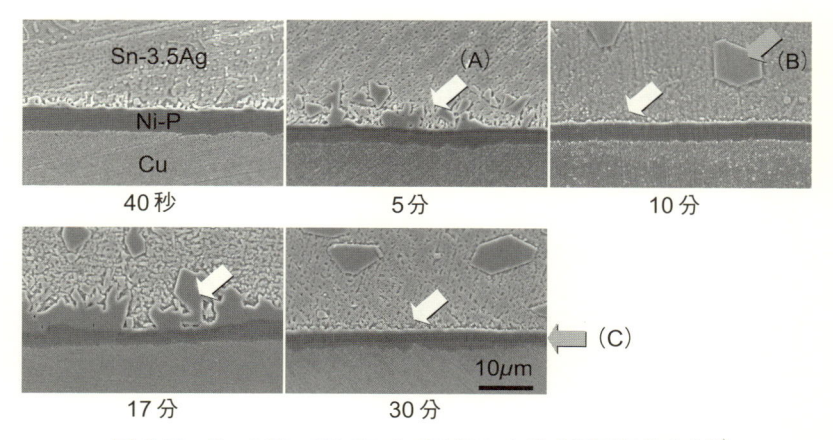

図 6.13　Sn-3.5Ag/Ni-6P の 230 ℃における界面組織変化[10]

ほとんど初期の厚さのままで、界面反応層ははんだ側へ不規則に形成しているがきわめて薄い。これが 5 分間保持されると化合物の凹凸が激しく、かなり反応が進み、厚いところで $10\mu m$ を越えている。写真で矢印(A)に示される相が Ni_3Sn_4 になる。また、矢印(C)で示される Ni-P めっき内に黒灰色の層が $2\mu m$ 程度の厚さで現れているが、注意深く観察すると 40 秒の反応界面にも $1\mu m$ 以下の薄い層として存在する。さて、これが 10 分間の反応になると、Ni_3Sn_4 層がほとんど消失し、その代わりにはんだ内に多角形をした金属間化合物(B)が現れている。前節で紹介した、スポーリングが起こっている。スポーリング現象は一度で終わらず、反応時間が延びることで繰り返し生じてゆく。一方、Ni-P めっき層内へ成長する黒色の反応層(C)は、反応時間とともに厚くなる。これが、いわゆる「P リッチ層」である。Ni が Ni-P めっきからはんだ中へ拡散して行くために濃度が低下し、相対的に P の濃度が高くなったものと言える。反対に、Ni-P めっき層が次第に薄くなっている。特に、10 分以降に成長が顕著になるが、この時点では層内に縦方向に亀裂が生じており、P リッチ層の脆弱さを示している。また、しばしば Ni_3Sn_2（または Ni_3SnP）層にボイドが多数形成されることがある。また、P リッチ層内には、縦方向に延びるボイド（亀裂）が多数見られる。図 6.14

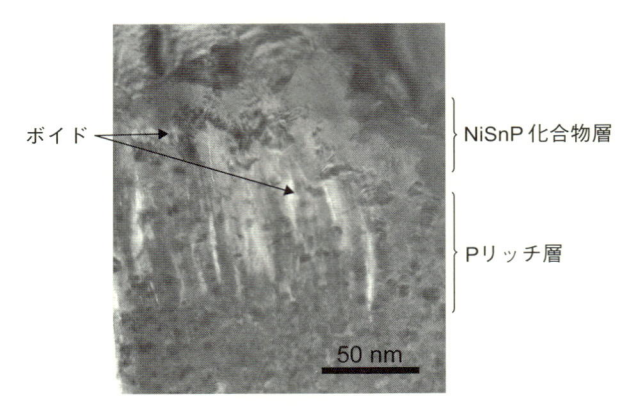

図6.14　Ni-PめっきのSn-Pb共晶はんだ付け界面に生じたボイド

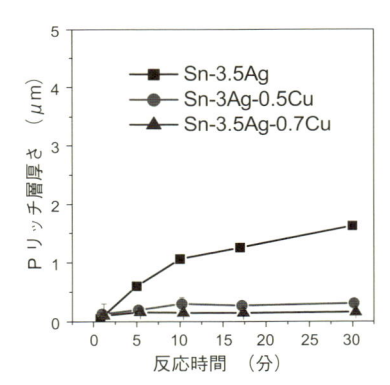

図6.15　Pリッチ層の厚さ変化へ及ぼすSn-Ag-Cu組成の影響[8]

はそれらの例を示すが、界面に並んだボイドやPリッチ層内の縦割れは、接合強度を大幅に低下させる。

さて、Sn-Ag-CuはんだのようにCuがはんだ側に加えられる場合、界面層の様子が一変する。界面には、反応層として(Cu, Ni)$_6$Sn$_5$が生じ、Ni-PめっきからのNiの溶出を遅くする[8]。このため、Pリッチ層の成長は著しく抑制される。Cuがはんだ中ではなく、対局に存在する場合でも、Ni-Pめっき界面にCuが集積してきて同様の反応を起こす。Cuの存在の効果は、

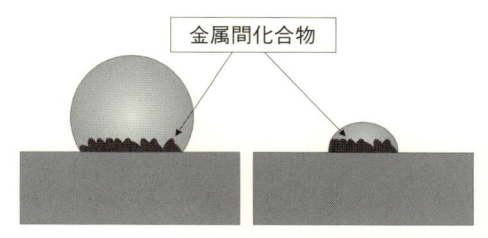

図6.16 接続部分のファイン化が進むと界面状態の影響がさらに鍵になる

Ni_3Sn_4が形成されるより速く液体中の高速拡散によって界面に Cu が集積することにある。界面に Cu_6Sn_5 が先に層状に形成してしまうことで、Ni-Pめっき層から Ni が拡散しにくくなる訳である。

6.3 界面反応層の重要さ

　界面化合物の形態にはさまざまなケースがあるが、はんだ付け界面の信頼性へ複雑な影響を持つことをお分かり頂けただろうか。はんだ付け界面の安定度が化合物層の厚さにも依存することは、はんだのボリュームにも大きな影響を受けるはずである。したがって、ペーストとして供給されるはんだと、ボールで供給されるはんだ接続は、信頼性においてかなり異なる可能性がある。また、今後、実装の微細化が一層進むと、図6.16に示されるように、はんだ付け部分でますます界面化合物層の相対的なボリュームが増えることになる。こうなると、界面化合物層の形成状態がダイレクトに強度や寿命へ影響を持つようになるだろう。はんだ付け界面のさまざまな形態を考慮に入れ、一層の注意を払い最適化した合金設計、界面設計が必要になるだろう。

参考文献

1) C. Hwang, J. -G. Lee, K. Suganuma, H. Mori；*J. Electron. Mater.*, **32**[2]（2003），

52-62.
2) P. T. Vianco, K. L. Erickson, P. L. Hopkins ; *J. Electron. Mater.*, **23** (1994), 721-727.
3) S. Chada, W. Laub, R. A. Fournelle, D. Shangguan ; *J. Electron. Mater.*, **28** (1999), 1194-1202.
4) M. Schaefer, R. A. Fournelle, J. Liang : *J. Electron. Mater.*, **27**[11] (1998), 1167-1176.
5) P. T. Vianco, P. F. Hlava, A. C. Kilgo ; *J. Electron. Mater.*, **23** (1994), 583-594.
6) A. M. Gusak, K. N. Tu : *Phys. Rev.* B, **66** (2002), 115403.
7) Y. -S. Kim, K. -S. Kim, C. -W. Hwang, K. Suganuma ; *J. Alloys and Compounds*, **352** (1-2) (2003), 237-245.
8) C. Hwang, J. -G. Lee, K. Suganuma, H. Mori ; *J. Electron. Mater.*, **32**[2] (2003), 52-62.
9) K. Suganuma, K. -S. Kim ; *JOM*, **60**[6] (2008), 61-65.
10) C. -W. Hwang, K. Suganuma, M. Kiso, S. Hashimoto ; *J. Mater. Res.*, **18**[11] (2003), 2540-43.

第 7 章

はんだ付けプロセス

　本章では、実際のはんだ付けプロセスについてまとめよう。「フローはんだ付け」、「リフローはんだ付け」、「ロボットはんだ付け」、「手はんだ付け」などがあるが、ここではフローとリフローを中心に紹介する。ちなみに、フローはんだ付けの名称は日本だけのものであり、国際的には"wave soldering"が正式な名称になる。本書では、フローはんだ付けで統一する。

7.1　フローはんだ付け

　フローはんだ付けでは、図 7.1 に示すフローはんだ付け装置を用いて実装が行われる。実装基板の上面にリードタイプ挿入部品を刺し込み、基板下面へ表面実装部品を仮り留め接着し、はんだ噴流の上を通過させることではんだ付けされる。図 7.2 には、2 種類の代表的な温度プロファイルを示す。波線は Sn-Pb 共晶はんだで使われる温度プロファイルで、基板は初めに 100 ℃程度で予熱された後に、第 1、第 2 の 2 回のはんだ噴流を通過する。鉛フリーはんだに対しては、融点が高いこととぬれ性が劣ることを考慮して、予熱温度のアップ、スルーホールぬれ上がり稼ぐための噴流押し上げ力の増加、第 1，2 噴流間で冷えすぎないように間隔の調整や加熱などの工夫が為される。図 7.3 には、このようにして基板上面まで理想的にぬれ上がりフィ

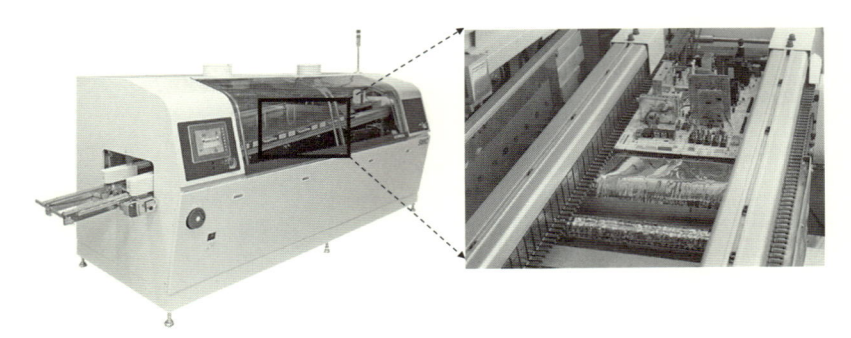

図 7.1　フローはんだ付け装置（千住金属より）

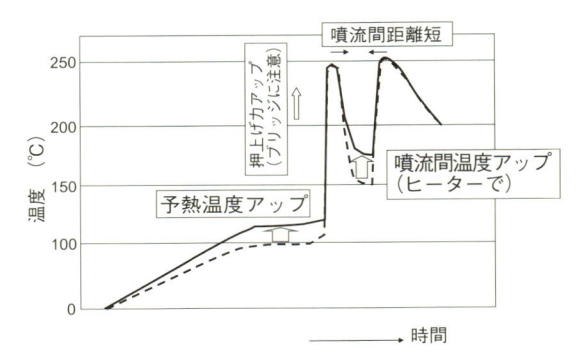

図 7.2　鉛フリーはんだでスルーホールぬれ上がりを改善する方法

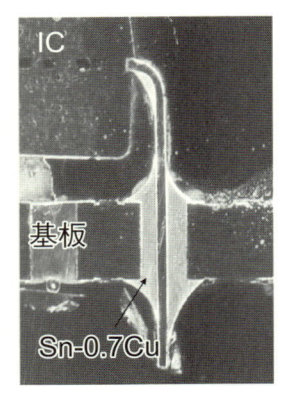

図 7.3　スルーホールはんだ付け部で理想的にぬれ上がった Sn-Cu はんだ

第 7 章　はんだ付けプロセス

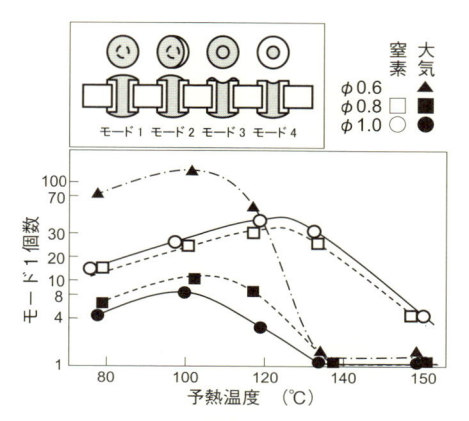

図 7.4　ぬれ上がりの予熱温度依存性（NEC より）
基板：FR-4（t = 1.6 mm）、T/H 径/ランド径：1.0/1.65、0.8/1.5、0.6/1.0（mm）
フラックス：RA、はんだ付け：250℃－5 秒

レットが形成された Sn-Cu フローはんだ付けの例を示す。

　予熱の温度は十分高くすることが望まれるが、同時に基板の電極の酸化のために、はんだのぬれを阻害することになりかねない。図 7.4 には、高い温度の予熱により返ってぬれを悪くする状態を示しているが、これを防ぎスルーホールのぬれ上がりを確保するためには、窒素雰囲気のフローはんだ付けが有効である。また、スルーホール径やコンベアの速度の調整も、適宜必要になる。

　フローはんだ付けにおける代表的な欠陥の例を図 7.5、図 7.6 に示す。図 7.5 (a) は、ブローホールであり、ぬれ不良やフラックスの巻き込みにより生じる。(b) はブリッジであるが、はんだ温度の低下やはんだ浴槽中のドロスの影響などがある。特に、Cu 溶け込みによる Cu_6Sn_5 針状結晶の晶出浮遊が、ブリッジを引き起こしやすいので、浴槽の組成管理には留意しなければならない。図 7.6 は、基板の Cu 配線の浸食された様子を示す[1]。全般に、鉛フリーはんだは配線を浸食しやすいので、フローはんだ付けにおける配線浸食状態のチェックは必要になる。

　はんだ付け欠陥ではないが、特に鉛フリーはんだのフローはんだ付けにお

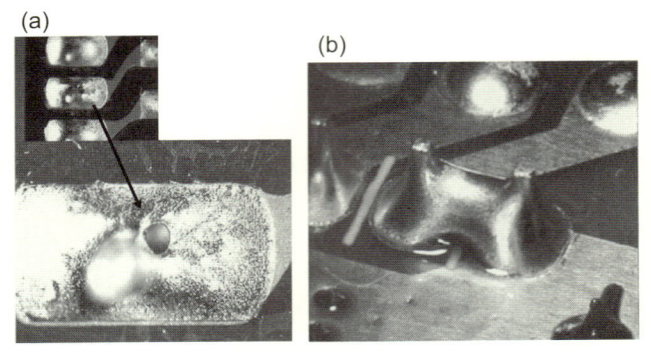

図7.5　フローはんだ付けで発生する欠陥
(a)ブローホール、(b)ブリッジ（日本スペリア社より）

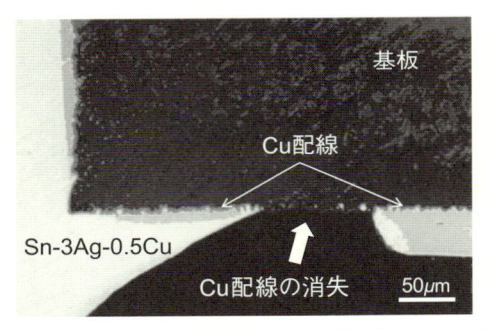

図7.6　プリント基板のCu配線食われ（日本スペリア社より）

図7.7　ステンレス鋼フロー槽で噴流モーターシャフト周辺で生じた浸食の例
（日本ビクター社より）

いて、フロー槽のはんだによる浸食は定期的にチェックすることが望ましい。鉛フリーはんだ付けでは、はんだの温度がSn-Pbに比較して上がることとSnの割合が多いことから、ステンレス鋼などのフロー槽を浸食する。図7.7には、その一例を示す。ステンレス鋼は、Snと反応しやすいので、反応抑制となる表面処理や、より浸食速度が遅い鋳鉄などを用いることが望ましいだろう。

7.2 リフローはんだ付け

表面実装は、ほとんどリフローはんだ付けにより行われる。リフローはんだ付けにおいては、やはり、フローはんだ付けと同様にぬれ性を確保するために窒素リフローも適用される。リフローはんだ付けの作業流れを図7.8にまとめる。

はんだを数ミクロンから数十ミクロン程度の大きさの粒状にしたクリーム状のはんだペーストを使用し、実装基板へスクリーン印刷を行う。スクリーン印刷では、ペーストを一方向へ塗布するので、場合によっては印刷に並行方向と垂直方向で塗布むらが生じる可能性もある。また、用いるマスクに対するペーストの抜けと基板上の配線パターンのカバー率の微妙な調整も必要である。図7.9には、マスク開口率を変えたパターン印刷試験の例を示した。また、量産になるので、連続生産性の確保も必要であり、24時間運転する場合を想定し、ペーストのタッキング力の変化が評価される。もちろん、24時間を通して変化がないことが望まれる。

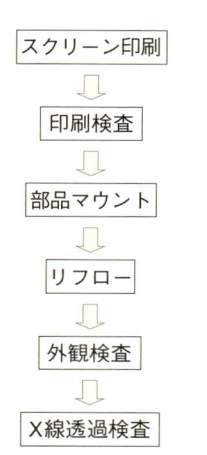

リフローはんだ付けにおいては、基板パターンに塗布したはんだペーストが、温度上昇の予熱段階でダレが生じパターンから滲み出す。このため、ファインピッチパ

```
┌─────────────┐
│ スクリーン印刷 │
└─────────────┘
      ↓
┌─────────────┐
│   印刷検査    │
└─────────────┘
      ↓
┌─────────────┐
│  部品マウント │
└─────────────┘
      ↓
┌─────────────┐
│    リフロー   │
└─────────────┘
      ↓
┌─────────────┐
│   外観検査    │
└─────────────┘
      ↓
┌─────────────┐
│  X線透過検査  │
└─────────────┘
```
図 7.8 リフローはんだ付け工程

印刷方向 ↑

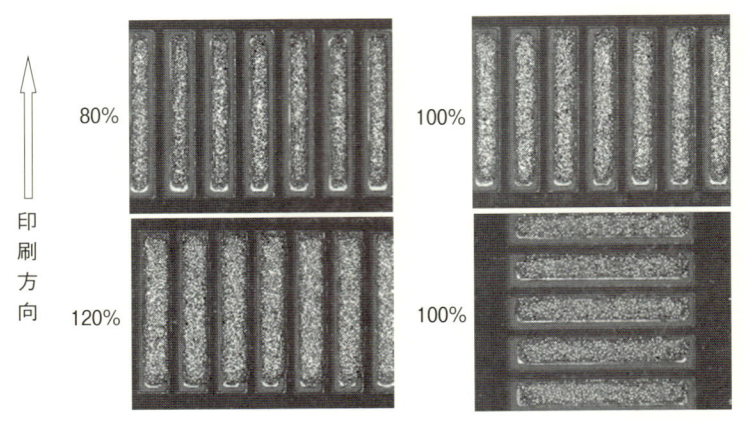

図 7.9　Sn-3Ag-0.5Cu 印刷性と開口率
（1 枚目，0.5 mm ピッチ、NEC 生産技術研究所より）

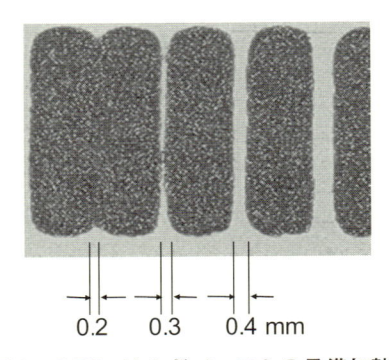

図 7.10　Sn-3Ag-0.5Cu はんだペーストの予備加熱ダレ試験の例
（NEC 生産技術研究所より）
条件：180 ℃、3 分、大気

ターンに実装する場合にはペーストのダレを評価する。図 7.10 に、この試験をした例を示す。通常の用途では、判定は以下のようになる：

＜判定＞
0.2 mm までつながる：標準（Sn-Pb 共晶並）

0.3 mm までつながる：ややダレ気味だが、実使用上は問題ない
0.4 mm 以上つながる：ダレ性の改良が必要

　もちろん、さらにファインピッチが求められる実装では、パターンに応じた評価が必要である。
　リフローはんだ付けは、大型基板でも基板上の温度均一性を確保するために、8～10 段程度近くのヒーターセグメントを持つベルト炉が用いられる。図 7.11 にはこの例を示す。図 7.12 は、Sn-Pb 共晶はんだと Sn-Ag-Cu はんだに対する温度プロファイルの例を示した。それぞれのはんだペースト、実装基板や部品の搭載状態に対応し、いかに基板上で均一な温度分布を得、しかも、高温保持による酸化や損傷を与えない工夫をするかが肝心である。こ

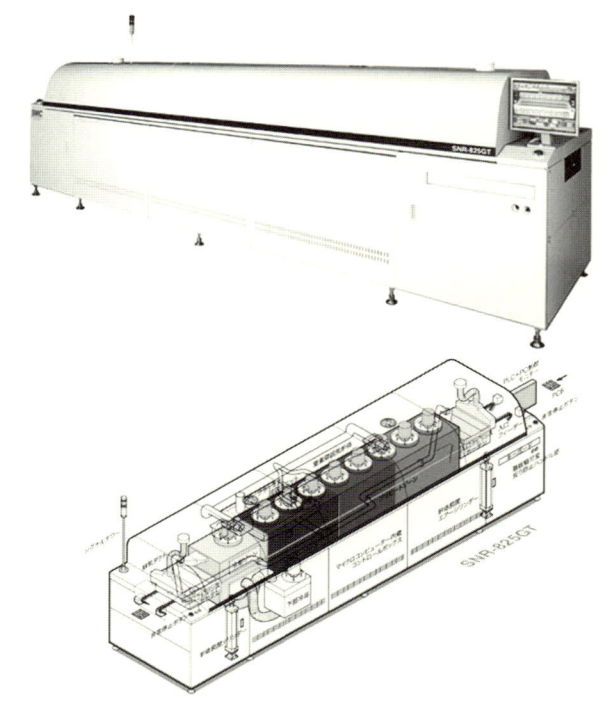

図 7.11　リフローはんだ付け炉（千住金属より）

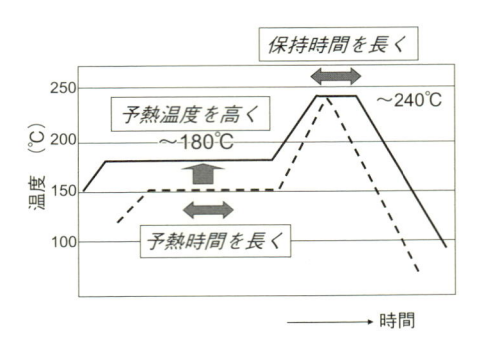

図 7.12　鉛はんだと鉛フリーはんだ対応リフロー温度プロファイルの例

のためには、加熱方法、熱風の制御、窒素雰囲気の場合は酸素濃度の制御などへの配慮が必要になる。

参考文献

1) G. Izuta, T. Tanabe, K. Suganuma; *Soldering & Surface Mount Technology*, **19**[2]（2007）4-11.

第2部

はんだ付け信頼性

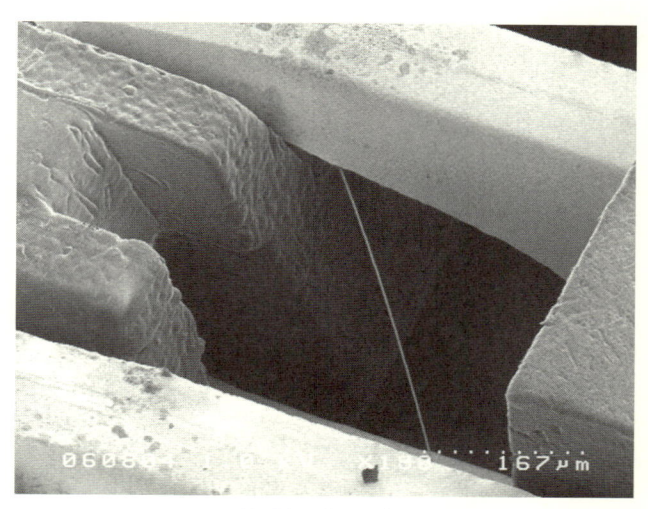

ファインピッチ・コネクタで発生したウィスカ
（水口由紀子氏博士論文より）

第8章

信頼性因子

　工業製品の製造において価格競争に埋もれがちな中で、日本製品が世界で根強く求められる理由の一つが、高い信頼性である。機器の堅牢さ、経時劣化の少なさは、電子機器の魅力であるとともに、車の世界でもそれ以上に日本製品が愛される所以である。この魅力をさらに生かさない手はない。これまで培った信頼性の評価と設計手法に加え、最新の解析に基づき理解された機器故障の原因を突き止め、さらなる高信頼製品を生み出すことが強く望まれる。本章では、まず、電子機器一般に信頼性をどう考えるべきかの基本をまとめておこう。

8.1　影響する因子

8.1.1　はんだ付けで何が起こるか？

　はんだ付け信頼性を議論するために、まず本節では、実装の時に生じる信頼性因子をまとめる。

　はんだ付けでは、はんだが溶け、基板と部品の電極にぬれ、それぞれの界面で反応を起こし、電気接続が達成される。この時、はんだ付けの条件の善し悪しが、接続部分の信頼性へ影響を及ぼし、電子機器の初期故障や寿命へ

も影響を持つことになる。はんだ付けの条件と役目の主なものは、以下のようになる。

　昇温速度　　　　：温度の均一化に影響する。
　予熱温度と時間　：フラックスの活性化と基板上の温度の均一化が決まる。
　ピーク温度と保持時間：はんだのぬれ上がりと界面形成が行われる。
　冷却速度　　　　：溶けたはんだが固まり、はんだの初期組織が決まる。

　この他にも、リフローの雰囲気、加熱手段や気流の向きや強さなどが、はんだ付け状態に大きな影響を持つ。これらの条件が適切に組合わさった場合に信頼性の高いはんだ接続が為されるが、反対に条件が悪い場合には信頼性を低下させてしまう。
　接続界面では、どのような信頼性へ悪い影響を与えることが起こるのか、図8.1を見ながら整理しよう。
　よく誤解されるが、はんだ付け時に界面で形成される化合物層は本当は邪魔者であり、できれば厚さがゼロであることが望ましい。なぜかというと、金属間化合物は基材となる基板や電子部品を構成する材料とは異なる熱膨張率やヤング率を持ち、しかも、硬く脆い。このため、はんだ付け温度から冷却するだけで熱膨張のミスマッチで歪みを生じ、ひどい場合には亀裂が入るだろう。はんだ付け接合対の強度試験をすると界面近くで破壊する場合が非

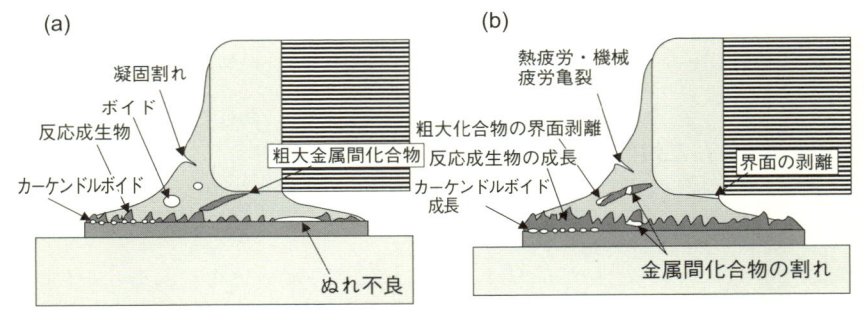

図8.1　表面実装で生じる欠陥と実用で生じる欠陥
　　　　(a)初期、(b)長期に渡る実使用後

常に多くみられるが、これは、界面の金属間化合物が割れることが影響している。界面の金属間化合物がなければ、はるかに強い接合界面になる。一方、はんだ付け熟練者は、はんだ付けが界面の化合物形成を確認して出来上がっていると判断する場合がある。これも決して間違いではなく、化合物が界面に見えない場合は、まず汚れや酸化などではんだがぬれていないケースである。はんだが電極にぬれることで化合物が形成され、すなわち、それが界面形成の指標になるわけだ。概念的になってしまうが、**界面の金属間化合物は、見えるぎりぎりの状態で均一にできている状態がもっとも望ましいと言えるだろう。**

　はんだが電極にぬれる時に、異物を巻き込んだり気泡をトラップしたりする場合がある。これらは、はんだフィレット内部や界面に存在して強度の劣化を起こす。言うまでもなく、**はんだ付け雰囲気の塵埃を少なくし異物の混入を避け、基板の汚れや酸化を防ぎ、同時にはんだの管理をしっかりとする**ことが必要である。

　さて、はんだ付けの温度が高かったりピーク温度にさらされる時間が長かったりすると、界面反応が進み金属間化合物層が成長するが、同時にボイドが形成される場合がある。これは、はんだ付けにおいて元素の拡散が偏った方向へ生じるためで、カーケンドル効果（Kirkendall effect）と言う。ボイドは界面強度を低下させるので、ボイドを形成しないような**はんだ付け温度プロファイルの管理**が重要な要素になる。

　電極側が、はんだ付け以前から劣化していることもある。もっとも困った現象が、ブラックパッド（black pad）として知られ、第6章で詳しく紹介した。もちろん、**納入基板の管理保証**が重要になる。

　さて、はんだ付けを終了し溶けたはんだが固まるときにも、欠陥が導入される。第4章でまとめたように、リフトオフ、凝固割れ、あるいは硬く脆い金属間化合物の形成などの現象が生じる。これら凝固欠陥の形成に影響を及ぼす因子の管理項目には、はんだ合金元素、めっきの元素、**はんだ組成管理**（フローはんだ付けでは特に槽中のはんだ組成管理）、部品や基板設計形状、冷却条件など多くのものがある。これらは、はんだ付けにおいて重要な要素である。

8.1.2 実用時に起こる劣化は？

はんだ付け基板が製品に組み込まれて実際の稼働状態になる。一概にはんだ付け製品といっても数千、数万種類に及ぶので、言葉の通りに千差万別の条件で使われる。個々の製品でどこまで信頼性を保証しなければならないかは、これも個々の設計基準に基づくことになる。まず、製品の寿命に影響を及ぼす共通の指標となる温度サイクルの影響を主立った製品で見てみよう。表 8.1 には、機器の曝される温度サイクル条件をまとめた。

一般の製品で家庭内で使うものには、テレビや冷蔵庫、エアコン、洗濯機などがある。基板はそれほど低温にはならず、0℃付近から 60℃が平均的な温度だろう。ただ、市場故障として話題になった製品に、プラズマ・テレビの電源故障があった。詳細は公表されてないが、稼働時に予測より温度上昇があり、おそらく 100℃以上の信頼性保証が必要であったものと言える。

表 8.1 代表的なエレクトロニクス製品の用いられる温度条件、サイクル数、期待寿命

製品の種類	最低温度 (℃)	最高温度 (℃)	1日の稼働時間	1年の稼働回数	寿命年数
一般製品	0	60	12	365	2〜10
デスクトップ型パソコン	0	70	8	365	〜5
ノート型パソコン	-40	85	8	1000	2〜5
携帯電話	-40	85	12	365	2〜5
デジタル・カメラ	-40	85	1	365	2〜5
ジャンボジェット	-55	95	2	3000	〜10
自動車（車内）	-55	80	12	100	〜10
自動車（エンジンルーム）	-55	150	1	300	〜10
衛星（低空）	-40	85	1	8760	5〜20
戦闘機	-55	95	2	500	〜5

ノート型パソコンは、デスクトップ型パソコンより厳しい条件で使用される。屋外では極寒の状態から立ち上げ、炎天下の車内では厳しい温度に曝され、高集積化と CPU の高発熱のためにさらに温度が上昇する。携帯電話やスマートフォンも同様に厳しい環境に曝される。何といっても厳しいのは、自動車のエンジンルームである。特にエンジンに近い所では、極寒地から炎天下の砂漠まで考慮しなければならない。通常の信頼性試験では上限 125℃ まで必要だそうだが、150℃ 程度までの高温暴露があり得るという。これは、衛星や戦闘機よりも厳しい条件になる。市場が大きいだけに、信頼性設計には細心の注意と努力が払われる所以である。

　すでに実用が始まったパワー半導体 SiC は、近い将来には動作温度が一気に上昇して 200℃ を越えることもあるだろう。その温度に耐え得るはんだ材料は確立されてないが、すでに候補は整いつつある。そうなると、実装された基板が曝される温度は、−55℃ から 200℃ 以上という、非常に厳しいことになる。今日の材料や実装技術に数段上回る特性が要求されるわけだ。まだしばらく先とはいえ、今から準備をしておかないと、とても間に合うターゲットではない。

　このようにそれぞれの製品が置かれる状況を想定して、その環境をシミュレーションできる条件を設定し、信頼性の設計、保証を行うことが必要になる。上記のプラズマ・テレビの故障の例は、信頼性の設計基準にミスがあった典型的な市場故障の例であろう。

　さて、実用時に生じる欠陥をまとめて図示したものが図 8.1 (b) である。まず、高温保持による劣化現象だが、これは、接続界面反応の進行による効果が大きい。温度サイクルの影響は、表 8.1 に例示した。機械的疲労は、振動の加わる機器や携帯電話などのように人が繰り返し操作をすることで生じるものだ。これは、比較的分かりやすい故障であるが、一例として図 8.2 をご覧頂きたい。これは、温度はほとんど変化しない音響機器のイヤホンジャックの故障の例で、はんだは Sn-Pb 共晶である。5 年ほど使用した後、イヤホンジャックのスルーホールはんだ付け部分でフィレットに疲労亀裂が発生し、動作不良になった例である。故障の原因は機械疲労であり、1 日 1 回の抜き差しを 365 日繰り返し、5 年後に破壊したとすれば、

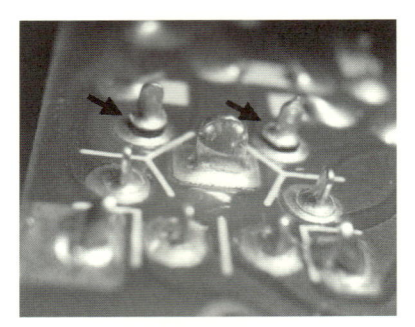

図 8.2 イヤホンジャックの抜き差しで発生した Sn-Pb 共晶はんだの故障。奥の 2 端子は完全にはんだ破壊し、手前の 3 端子はフィレット亀裂が発生している

$$365 \times 5 = 1825$$

で、1825 回の挿抜負荷で故障に至ったことになる。

図 8.3 は、ある FA 機器で生じた基板の損傷の例を示す。すでに 9 年を経過して故障に至ったもので、はんだ種類は Sn-Pb 共晶で基板は FR-4 である。この故障は、実装基板を縦に据え付けたために室内運転の振動による厳しい機械疲労と、機器の発熱による温度サイクル疲労を同時に受け、電解コンデンサのスルーホールはんだ付け部分に亀裂が発生し、接触抵抗増加から焼損へ至ったものと推測されている。つまり、機械疲労と温度サイクルが重

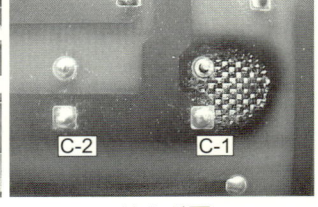

図 8.3 Sn-Pb 共晶はんだ接続された FA 機器に生じた故障

なったもので、少々寿命予測は難しい。市場における機器の故障の多くは、このように複数の因子が同時に作用して生じる場合ことも多いだろう。その信頼性設計では、条件分けするとともに厳しい側へシフトせざるを得ないだろう。寿命予測は大変難しいものになる。そうは言っても、ある国内大手照明機器メーカーの統計では、機器の故障の2割弱がはんだ付け部分の故障になるそうだ。電子部品の内部故障も多いが、その故障には内部接続も含まれるので、はんだ付けの故障は品質保証の重要な役割を担うと言える。

第9章

信頼性の考え方と寿命予測

　この章では、鉛フリーはんだ付けの信頼性を理解する前に、信頼性設計の一般的な概念とよく使うツールを紹介しよう。

　信頼性のそもそもの話が、第2次大戦で米軍が用いた真空管にまつわる話であったことはよく知られている[1]。太平洋に配置した爆撃機や戦闘機の多くが故障を起こし、米軍はほとほと困り、その原因を究明した。見つかった原因が、真空管の故障である。これをきっかけにして信頼性への要求が高まり、軍用から宇宙航空に広がり、さらには一般の民生品へと広がっていった。

9.1　信頼性

　今日、民生品にも非常に厳しい信頼性が求められ、車や電子機器の重要な箇所の設計には1 ppm（百万分の1の確率）の故障率達成が求められている。米国のアポロ計画やスペースシャトルでは、10億分の1の故障率（信頼度にすると99.9999999 %）達成が求められたが、この信頼性設計が計算通りに行かなかった事実はよく知られている。しかし、そもそも信頼性設計をおろそかにすることは出来ない。

　信頼性は付加価値の高い機器ほど求められるもので、製造原価の低い新興国との価格競争にうち勝つことを必須にする日本の物造りでは欠かせない要

素技術になる。日本の誇るべき高信頼性の実例としては、JR の新幹線が挙げられるだろう。昭和 39 年に開業した団子鼻の 0 系新幹線からすでに 50 年になるが、世界に誇る無事故を更新し続けている。我が国の造り出す電子機器でも、是非これを実現したい。

さて、信頼性にかかわる用語は、JIS に詳細に定義されている。たとえば、JIS Z8155 に、アイテム、機能が定められ、信頼性の定義が「アイテムが与えられた条件で既定の期間中、要求された機能を果たすことができる性質」となっている。信頼性を具体化するためには、相応しい尺度が必要になるが、これには、主に使われる以下の 4 種類がある。

<種　類>	<表示の例>
信頼度 :	99.999%
MTBF :	3000 時間
MTTF :	10000 時間
故障率 :	1%/年

信頼度（reliability）は、上記で定義された信頼性が確保される確率で定義される。つまり、与えられた期間に故障しない確率である。MTBF（mean time between failure）は、故障の起こる平均間隔の意味で、定期的に部品を交換する目安になる。MTTF（mean time to failure）は、故障するまでの平均期間で、部品交換をしない場合に当てはまる。最後の故障率（failure rate）は、稼働時間内で故障する割合である。その意味合いとしては、ある時点での故障する確率を表すととらえて良いだろう。これら 4 つの信頼性の尺度は、ケース・バイ・ケースで使い分けることになる。

次に、少し信頼性に関する一般的な項目に関して触れておこう。電子機器に限らず、工業製品の多くにおいて、市場にリリースされてからの故障率は図 9.1 のように変化する。まず、市場にリリースされた直後の故障率は高く、時間とともに徐々に減ってくる。これは、設計ミスや工程不具合などによる初期故障が排除しきれないためで、実際の市場故障の解析に伴い減少する。これが一段落すると、故障率一定の安定期間に入る。この安定期に生じる故

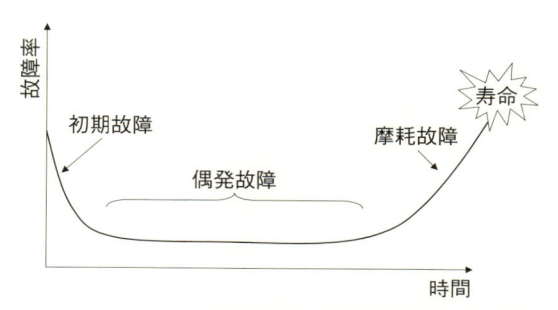

図 9.1　製品の故障率の変化を表すバスタブ曲線

障は、不測の事態によるもので偶発故障と呼ばれる。やがて、長期間の実働によって前節で述べた欠陥が導入され始めると、故障率が再び増加し始め、次第に製品寿命に近づく。この寿命に至る故障を摩耗故障と呼ぶ。ちなみに、この図に示される故障率の変化は、洋式風呂の形に似ていることからバスタブ曲線（bathtub curve）と呼ばれる。

それぞれの故障モードに対して行われる信頼性対策は、以下のように対応する。

初期故障　：　初期設計と工程管理、バーンイン、エージング
偶発故障　：　信頼度の設計
摩耗故障　：　各種耐久試験、寿命設計

初期故障を避けるためには、初期設計や工程管理が重要なポイントになる。部材選定と保管・管理もこれに含まれる。しかし、どうしても設計段階では予測できない不具合が残るので、これを避けたい場合には、あらかじめ製品の全数検査や市場動作よりも高い負荷を掛けてスクリーニング（screening）を行うことがある。これを分かりやすく図 9.2 を用いて示そう。図では、横軸に負荷、縦軸に確率をとっている。まず(a)では、機器には固体性能の差があるので、その「強度」は A の山で分布する。一方、「実働負荷」は、これも不確定な部分を持つので B の山で分布する。図では、A の山の低い側の裾野が B の山の高い側の裾野と重なっている。この 2 つの山が重

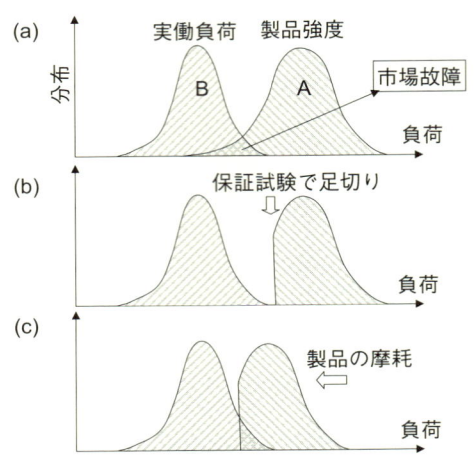

図9.2 製品の保証試験と寿命に至るストレス-ストレングスモデル

なった部分が、市場で故障を引き起こすことになる。そこで(b)では、Aの山を持つ機器に対して、予測される実働負荷より高い負荷を掛けて、壊れるものを初めから除くスクリーニングを実施する。電子部品や機器の信頼性試験では、バーンイン（burn in）やエージング（aging）がこれに相当する。この操作により、Aの山の下の裾野が切り取られ、初期故障を低減することが可能になるわけだ。

　その後は、信頼度の設計どおりの安定期間が続く。AとBの山の重なりは無いが、予期しない別の因子が作用して故障が生じるかもしれない。さらに時間がかなり経過すると、(c)のようにAの確率分布は徐々に変形して低負荷側へ落ち、やがてBの負荷分布と重なりが生じ寿命を迎えることになる。この寿命を予測することが重要になる。予め設計の段階で寿命に影響を与えると考えられる因子を用い耐久試験を行い、「この製品の寿命は〇〇年です」と予測しておくのが理想である。したがって、寿命影響因子を正確に把握すること、さらに加速試験の加速係数を把握することが大切になる。

　より深く学びたい方は、さらに詳しい参考書として、たとえば、信頼性全般に関しては参考文献 1, 2, 3)、信頼性設計にかかわる統計に関して学びたい方は参考文献 4)、力学的な信頼性評価等に関して学びたい方は参考文献

5)などをご参照頂きたい。

9.2 信頼性の解析

市場故障を減らすためには、初めの設計段階で製品の生涯を思い描いたシミュレーションを行うことが重要である。製品に掛かる各種負荷を想定し尽くせれば良いが、実際にはなかなか予測が及ばない場合も多い。このような時に役に立つツールが、信頼性技術に提供されている。

まず想定される市場故障を集めて、あらかじめ故障原因を究明する。よく使われる方法が、各種故障要因の相互の関連を明確にするために用いるブロック図である。図 9.3 にその一例を示した。FTA（fault tree analysis）と呼ばれるもので、各因子の因果関係の洗い出しから重大な故障を防ぐ方法である。それぞれの因子が作用する確率を計算できれば、最終的な製品の信頼度を求めることが可能になる。

さて、最終的に製品の寿命を決める因子を見極めることは重要だが、因子が一つではなく複数競合することもあるだろう。前章の図 8.1 のようにはん

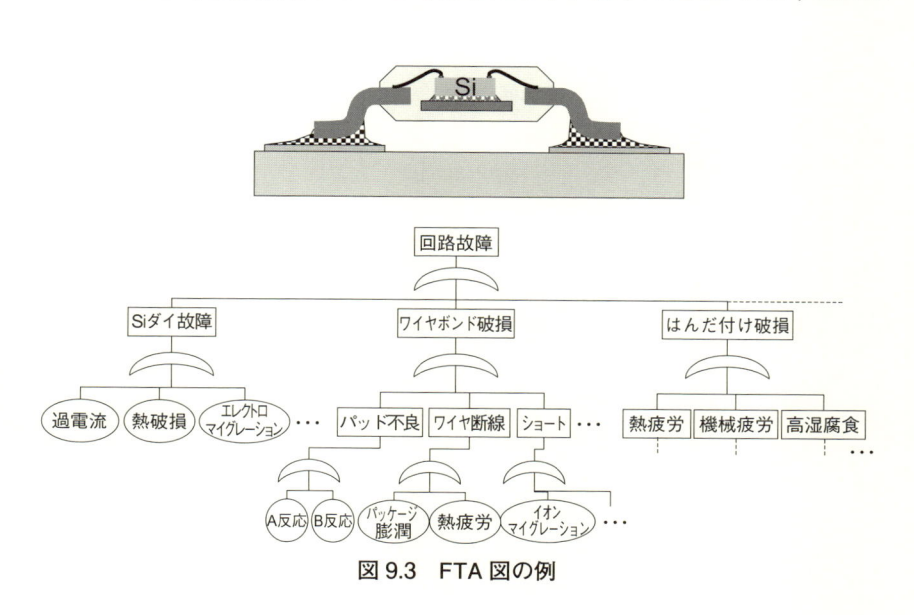

図 9.3　FTA 図の例

だ付け界面には、さまざまな欠陥が共存する。たとえば、100 個の製品があった場合、70 個が一つの同じ原因で壊れ、他の残りの 30 個が別の原因であった場合などである。いずれにしても、このように最終破壊へつながる欠陥が特定できる状態の製品の「強度」は、相応しい統計を用いれば、複数の原因がある場合でもある時点で壊れる確率を計算でき、また寿命予測が可能になる。

　製品の故障解析に最もよく使われる統計は、ワイブル統計（Weibull Statistics）である。ワイブル統計は極値統計の一種類で、「強度」の最小値の分布を表すものになる。この統計の説明で良く例えられるのが、図 9.4 のように直列に繋がった鎖の強度である。一つ一つの輪の強度は、それぞれに異なるものとする。鎖の両端に負荷が掛けられた場合、この鎖は最も強度の弱い輪が破壊した時点で破壊と判断される。同じ様な鎖が 100 本あったとすると、それぞれに最弱の強度の輪の強度が、個々の鎖の強度の統計分布を決めることになるわけだ。これが極小値の統計である。はんだ付けにおいても、最もアクティブな欠陥が寿命を左右するので、製品の寿命に対してワイブル統計が有効になる。

　さて、ワイブル統計では、応力 σ（または時間 t）で故障する累積故障率 $F(\sigma)$ は、

図 9.4　直列に繋がった鎖の強度

$$F(\sigma) = 1 - \exp\left\{-\left(\frac{\sigma - \sigma_u}{\sigma_0}\right)^m\right\} \tag{9.1}$$

となる。ここで、σ_0 は尺度母数と呼ばれ、累積故障率が 63.2 % になる σ になり、平均値ではない。m は形状母数と呼ばれ、ばらつきの程度を示す大切なパラメータになる。ワイブル係数と言われると、m 値を指すこともある。σ_u は、位置母数と言われ、これ以下の応力では破壊は生じず、したがって、ほとんどの場合に $F(\sigma) = 0$ となる。図 9.5 にワイブルプロットの例を示す。縦軸は二重対数（$lnln(1/(1-F(\sigma)))$）、横軸は対数になる。データは直線に載り、この直線の傾きが m 値になる。

余談になるが、実装部品の基板へのはんだ付け強度試験のデータ整理でワイブル統計を使いながら、平均値を求めるのに算術平均を使うケースが多く見られる。残念ながらこれは正確ではなく（約 2 % ずれる）、ワイブル統計の平均値はその密度関数からガンマ関数で求めることが望ましい。これを電卓で計算するのは複雑なので、Excel などの計算表を使うのが簡便である。ワイブル統計処理には、簡単な BASIC プログラムで十分である。プログラムも公表されている[3,4]。表計算ソフトの利用は、データ整理と表示と併せ

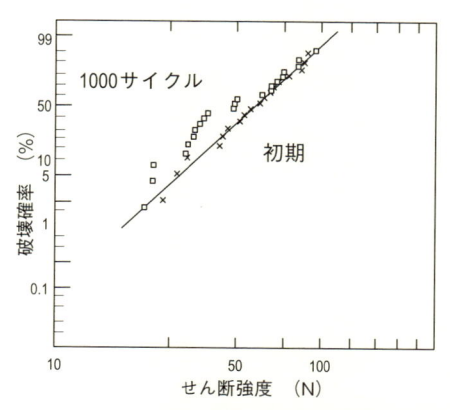

図 9.5　Sn-58Bi を用いた 1608 チップ部品実装せん断強度のワイブルプロット
　　　　（－40 ℃～80 ℃温度サイクル）

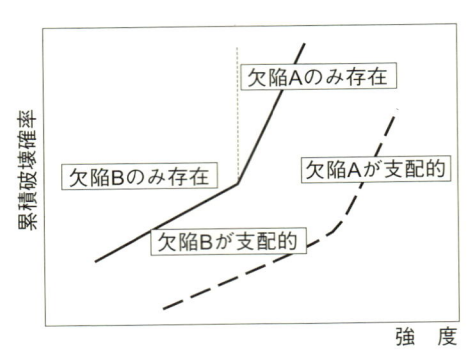

図 9.6 ワイブルプロットに現れる複数欠陥の影響。波線の場合は欠陥 A,B が競合する

て有効である。また、従来から各パラメータの推定にはワイブル確率紙もよく使われ、簡単な作業でパラメータ推定が可能になる。

さて、実際の故障解析を行ってみると、確率紙にプロットしたデータが直線に載らない場合が出てくる。この時、無理に直線を引いてはいけない。強度や寿命を決める因子が 2 種類以上働いている場合に、このようなことが現れる。図 9.6 のように 2 つに折れる場合（下に凸）を考える。図には、製品に二種類の欠陥が同時に存在する場合と、製品には一種類の欠陥が存在し折れ点でまったく種類が変化する場合を示す。いずれにしても折れ線の上と下の分布では、実際に働いた破壊の因子が異なる。この時のパラメータの推定は、後者は比較的簡単だが、前者の場合にはそれなりの注意が必要だ。詳細は、参考文献 3, 4) などを参照してほしい。肝要なのは、それぞれの故障や破壊の原因を特定して、プロットしたデータと照合することである。これによって、故障の原因を特定することが可能になる。

9.3 加速試験と寿命予測

さて、前節のように、故障の原因となる事象が決定され、寿命がワイブル統計にしたがって分布するとする。そうすると、故障メカニズムから、その

表 9.1　主な信頼性加速試験と概要

種　類	概　要
温度サイクル試験 熱衝撃試験	単槽または2槽式の温度槽を用いて、低温から高温の繰り返し負荷を掛ける試験。
高温保持試験	恒温槽を用いて一定温度に保持する試験。
高温高湿試験 プレッシャクッカ試験（PCT） HAST	温度一定で湿度を変化させる試験。PCTは圧力を掛けてさらに加速する。HAST（Highly Accelerated Temperature and Humidity Stress Test）は不飽和のPCT。
高温高湿バイアス試験（HBT）	高温高湿環境でバイアスを掛けた絶縁試験。
イオンマイグレーション試験	一定温度で湿度を保持し、低電圧を掛けてイオンマイグレーションを評価する試験。
塩水噴霧試験	塩水を噴霧による腐食試験。
落下衝撃試験	携帯機器のシミュレーションとして実装基板を落下させる試験。あるいは、鋼球などを落下させて基板に衝撃を与える試験。
機械疲労試験	繰り返し歪みを与えて行う疲労試験。温度サイクル試験の代替としても行う。
振動試験	車載機器など振動が加わる機器の試験。

現象を表す式が決定される。この式から加速係数を求めることができ、加速係数に基づいて本来寿命までの数年以上掛かる信頼性試験を短時間で実施することが可能になる。実際に行われる信頼性試験の大まかな分類と概要を表9.1にまとめた。

　故障のメカニズムは、いくつかの基本的なモデルに分けられる。まず、温度がかかわる典型的な現象が、熱により活性化される熱活性化過程である。アレニウス・モデル（Arrhenius model）と一般に呼称されるもので、はんだ付け界面での元素の拡散が引き起こす化合物の成長やボイドの形成がその典型的なものだ。たとえば、熱活性化過程に支配される現象の指標を K と置く。すると、以下の式が与えられる：

$$K = A\,exp(-E_a/kT) \tag{9.2}$$

ここで、A：頻度因子、E_a：活性化エネルギー、k：ボルツマン定数、T：絶対温度となる。もし、現象が一つの因子で支配されるものであれば、(9.2)式が一意に決められる。E_aは、その現象が進行するための活性化エネルギーになる。したがって、E_aを実験的に求めることで、その反応のメカニズムを推定することができる。E_aの実験的な求め方は簡単である。上記の両辺の対数をとると、

$$\ln K = \ln A - E_a/kT \tag{9.3}$$

したがって、$\ln K$-$1/T$ の関係をグラフ化すれば、アレニウス・プロットが、図 9.7 のように得られる。正確な現象を確認するためには、最低 3 点以上の温度を選び速度を求めて、直線回帰をする。反応速度を寿命 t_f に直すには、その逆数をとればよいので、(9.2) 式から、

$$t_f = A' \exp(E_a/kT) \tag{9.4}$$
$$\ln t_f = \ln A' + E_a/kT \tag{9.5}$$

となる。

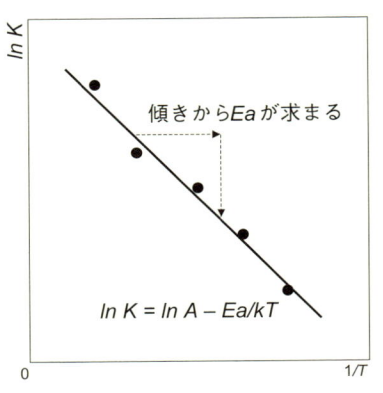

図 9.7　アレニウスプロットの例

さて、温度ばかりでなく、湿度や電圧などの多くの因子の影響を考慮に入れるには、アレニウス・モデルをより一般化したアイリング・モデル（Eyring model）が用いられる。このモデルは、化学反応速度論や量子力学を考慮に入れ、一般的な加速モデルとして有効と言われる。導出の途中は省略するが、寿命 t_f の表現式は次のようになる：

$$t_f = A' exp(E_a/kT + BS_1 + CS_2 \cdots) \tag{9.6}$$

ここで、B, C は定数であり、S_1、S_2 などは温度が影響しない負荷の項目になり、因子の数だけ増やせる。このように式だけが出てくると少々複雑に見えるが、個々の現象に関して後節でもう少し詳しく事例を紹介しよう。

9.4 いろいろな標準

さて、信頼性の評価基準や試験方法にかかわるさまざまな標準化が行われている。表 9.2 にこれらの代表的なものを示した。過去には、電子機器の信頼性試験の標準が整備されていなかったために米国軍 MIL 規格が各種標準に用いられてきたが、国内では JEITA 規格や JPCA 規格が電子機器に関する規格のデファクトになり、米国の電気業界 EIA や IPC との調整を進めながら世界標準である IEC 規格を整えるようになっている。IEC や ISO は、言うまでもなく国際的な標準である。これらの標準は、その策定までに多くのデータを多くの団体が持ち寄り検討して合意を得る手続きを踏むので、大変時間が掛かる。変化の激しい電気業界に対応するきめ細やかなものではない。たとえば、2000 年代には入り鉛フリー化で一気に実装の形態が変わり、従来の基準を新たにすることが必要になった。ところが、2006 年 7 月という期限があるにもかかわらず、いずれの標準化も 2005 年になっても達成されていなかった。一方で、米国の JEDEC 規格は制定までの時間を大幅に短縮し、規格を公表した。しかも、その規格を web を通して無料配布し、規格普及に務めた等の例がある。

上記のような業界団体の正式な工業規格とは別に、実装の世界でも積極的

表9.2 信頼性基準及び試験方法の規格

種 類	詳 細
IEC 規格	International Electrotechnical Commission 電子機器、部品の各種信頼性試験方法の国際規格
ISO 規格	International Organization for Standardization 各種工業分野の国際規格
JIS 規格	日本の工業規格
JEITA 規格	社）電子情報産業技術協会の各種試験方法規格（EIAJ 及び JEIDA 規格）
JPCA 規格	社）日本プリント回路工業会が定めるプリント回路にかかわる各種規格
MIL 規格	Military Standards 米国軍の規格．ミルスペックとして、民生分野でも多用される
JEDEC 規格	Joint Electron Device Engineering Council EIA の一部で、電子部品の標準化を推進するアメリカの業界団体。各種基準をいち早く確立する
IPC 規格	Institute for Interconnecting and Packaging Electronics Circuits アメリカプリント回路工業会の各種規格

にデファクトを進めようという動きは、かなり活発になってきている。欧米の部品メーカ団体の動きも活発である。欧州の Philips、Infeneon、STMicroelectronicse などの大手部品メーカコンソーシアム E3 は、鉛フリー化への一早い対応とデファクト形成に 2000 年頃から積極的に取り組み、鉛フリー、ハロゲンフリー、アンチモンフリーの定義を宣言した。これは 2001 年のことで、世界的にも非常に早い時期のリリースであった。この背景には、新しい技術のデファクトを欧州に築こうとするもので、日本の部品メーカに先行することが一つの目標であったようだ。その後も、この団体は E3 から米国の Freescale を加えて E4 となり、ウィスカの定義化、試験方法の標準化などを積極的に公表し続けている。また、E4 から D5 と名称が変更され新たな高温はんだへの取組もなされており、常に電気電子産業における主導権を見据えた活発な動きをしていることには、目が離せない。

参考文献

1) 佐藤善三郎『おはなし信頼性』(第 3 刷)、日本規格協会 (2005).
2) 安食恒雄 (監修)『半導体デバイスの信頼性技術』(第 11 刷)、日科技連出版社 (2005).
3) 中村泰三、榊原 哲『信頼性手法』日科技連出版社 (2004).
4) 市田 嵩、鈴木和幸『信頼性の分布と統計』日科技連出版社 (1984).

第10章

高温放置で生じる劣化

　はんだにとっては、すでに室温においても高温の領域に入る。一般に金属にとり融点の絶対温度の半分の温度 Tm 以上で拡散が活発化しクリープが生じ、この Tm 以上から融点までが高温域と呼ばれる。Sn は融点が 232 ℃（絶対温度で 509K）なので、室温の 25 ℃（絶対温度で 298K）は、間違いなく高温になる。実際に、室温においてさえ拡散のためにはんだや接続界面の組織は刻々と変化してしまうので、信頼性を考える上では大変扱いにくい材料と言えるだろう。

　電子機器や実装基板の高温保持試験では、常用条件を想定し、短時間で判断を得るために加速条件を設定する。このため、実際に機器が達する温度より高い領域で試験が行われる。たとえば、機器の到達温度が 60 ℃であったとしても、高温保持試験では 80 ℃、100 ℃、125 ℃などの温度が選ばれる。試験温度としては、さらに 150 ℃までの耐熱性試験が行われることもある。これは、エンジンルームなどに配置される車載機器だが、今後、応用範囲が拡大し、一層温度の上昇が必要になる場合もあるだろう。

　本章では、高温放置で生じる現象をまとめ、想定される劣化の各種原因、そのメカニズムに関して紹介しよう。

10.1 高温で生じる金属の拡散

　高温放置で生じる現象の鍵になるのは、元素の拡散が活発化することで、はんだ付けしたときの組織が徐々に変化する。その変化の方向は、はんだ付け組織全体の持つ化学ポテンシャルを下げる方向になる。具体的には、はんだ組織が粗大化し、はんだ付け界面に生じる金属間化合物層が厚く成長し、場合によっては、界面近くにボイドが出来たり化合物層が割れたりする。図10.1には、この現象を分かり易いように図示した。

　すでに第6章で触れたが、固体中拡散による界面層の成長は次の式で表せる。

$$X(t,T) = X(0,T) + k_0 t^n \exp\left(-\frac{Q}{RT}\right) \tag{10.1}$$

一般に言うアレニウスの関係式である。$X(0,T)$には、はんだ付けした直後の反応層の厚さを入れる。活性化エネルギーQが指数関数の項に入るので、温度が少し上がるだけで拡散は格段に活発化する。

　ここで注意しなければならないことがいくつかあり、それらを列挙すると以下のようになる：

1. 拡散は、反応層（金属間化合物）内の拡散を考える

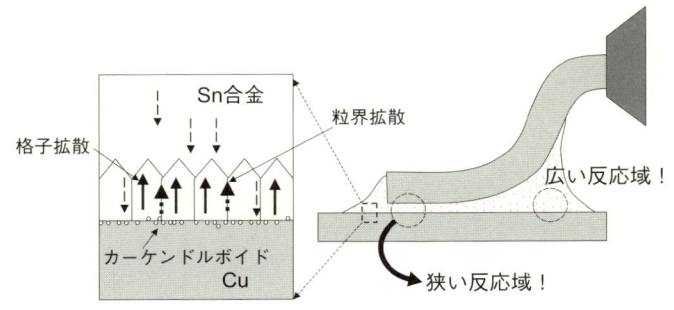

図10.1　高温保持試験で考える反応因子

2. 複数の反応層がある場合はどの層の拡散を考えるか？
3. 粒内拡散か粒界拡散か？
4. 体積拡散か格子間隙拡散か？
5. 一方向拡散か相互拡散か？
6. 供給される元素の量は有限なのでいずれは拡散が止まる
7. 液相が生じないことを確認

まず、1項目の拡散を考えるのは、Sn中、基板中（たとえばCu）、界面に形成した金属間化合物中の3通りがあるが、反応層の成長で考えるのは金属間化合物中の拡散になる。それは、ほとんどの場合に、金属間化合物の中の元素拡散が反応層の成長を律速するからである。

また、反応層が複層になる場合、どの層の拡散が律速しているかを見極めねばならない（項目2）。厳密には複層のいずれもが影響するが、反応の初期にはどれか一つの層が層全体の成長を支配すると考えて良いだろう。

拡散する経路が金属間化合物中の粒内である場合と粒界である場合があるので、その区別も必要になる（項目3）。加速試験として高温保持を考える場合、Sn合金では室温近傍で粒界拡散の役割が大きく、高温で格子拡散になることを知っておかねばならない。つまり、加速試験として温度を上げてしまうと、シミュレートしようとする現象と異なった現象が現れる可能性がある。残念ながら、この辺の条件の整理はまだ十分ではなく、むしろほとんど無視されている状況にある。現状では、「差があるかも知れない」ことを心に留め、高温加速試験を行う場合は、全体に拡散が早くなるので粒内拡散を考えれば良い。

さらに、結晶内の拡散でも、本来原子が在るべき格子位置の拡散（格子拡散または体積拡散）と結晶格子の隙間を通る拡散（格子間隙拡散）があり、これも区別を付けなければならない（項目4）。Sn系の合金では、格子間拡散が非常に早いので注意が必要で、特に、Ag、Au、CuやNiなどは、Sn中で異常拡散することが良く知られている。

項目5について、元素の拡散は一方向に拡散が生じるのではなく、あるいは一種類の原子だけが拡散するのではなく、必ず存在するすべての原子が動

く。したがって、特定の元素が一方向に拡散する場合と相互に拡散する場合があるが、Sn系のはんだ付け界面ではその速さが桁違いに異なるために、一つの元素だけを考えても良いケースが多い。多くの場合にSnが動き回るのだが、上記のように異常拡散する元素には要注意だ。

項目6の「拡散が止まる」は、はんだフィレットやCu配線や電極めっきが無限の厚さを持っているのではなく、いずれも有限であるために起こる。(10.1)式は、無限に厚さを持つ二つの層の接合を考えて導かれた式で、ここに限界が生じる。高温保持試験の初期では、材料が有限の大きさであることは無視できるが、厳しい条件で長時間の保持を行う場合にはこの影響がしばしば見えくる。また、はんだ付け部分は、リードと基板に挟まれたはんだのように、きわめて狭い範囲で反応が進む場合もある。この状態では、はんだ中の合金元素が反応に関与する場合、すぐに消費されてしまうので、途中で反応そのものが止まってしまう。

最後の項目7の「液相」は、第4章のPb汚染のところで紹介したが、Sn-Pb-BiやInなどが存在すると、かなり低温で液相が形成される。特に、これらの元素ははんだ付け凝固の特有の影響で偏析して界面に形成されることが多いようだ。一旦液相が出ると、液相を通した非常に高速な拡散（固相中より数桁早い）によって、異常な界面反応が進行し、たとえば金属間化合物が急激に厚く成長する。したがって、特に微量Pbの存在には気を付けなければいけない。

さて、以上の注意点を理解したところで、具体的な例としてはんだ付け基本系であるCu/Sn-Ag界面を見てみよう。図10.2は、Sn-Ag共晶はんだとCu界面で高温保持による界面に形成された化合物層の成長の様子を示している[1]。この界面では、はんだ付け直後はCu/Cu_3Sn/Cu_6Sn_5/Sn-Agの相構造になりCu_6Sn_5がかなり厚く形成するのに対して、Cu_3Snは数十nmと薄い状態で存在する。図からは、初期には$\sqrt{t}$に比例して反応相の総厚が変化しているが、温度が高い場合には長時間後でこの関係から外れてくる。また、時間が経つほどCu_3Snの占める割合が大きくなることも分かる。

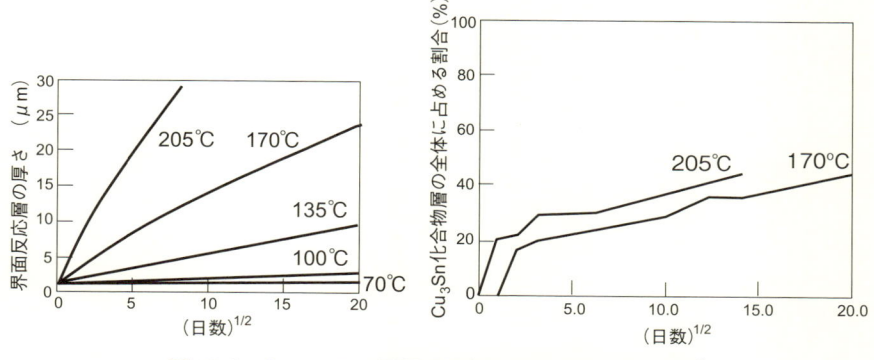

図 10.2 Sn-Ag/Cu 界面の固相における反応層成長[1]

10.2 界面の劣化

金属間化合物が成長すると、強度劣化につながる。これは、主に以下の2つの因子による。

- ✓ 金属間化合物が脆く欠陥を多数含む
- ✓ カーケンドルボイドの形成

まず、金属間化合物の層に対し、片側に Cu などの電極、もう一方ははんだが存在する。それぞれの裏側には、基板やシリコン、セラミックスなどの物性の異なる素材が接合されている。はんだは柔らかいのだが電極は硬い。さらに、各素材の熱膨張率が異なるので、はんだ付け温度から冷却する間に、また、使用中に温度が変化すれば、金属間化合物層にかなりの熱応力が発生することになる。表 10.1 には、はんだ付け界面を構成する物質の代表的な熱膨張率とヤング率を併せて示す[2]。熱応力だけではなく、外部負荷が加わるとはんだが変形し、金属間化合物層は変形できず歪みがたまり、いずれ亀裂が発生する。金属間化合物は結晶構造が複雑で、結晶方位によって物性値が異なる（異方性の強い）材料である。このため、はんだ付け界面で自分自

表10.1 代表的結晶の熱膨張率とヤング率

結晶	熱膨張係数（× 10^{-6}/℃）	ヤング率（GPa）
Cu	16	130
Ni	14	200
Fe	11	210
Sn	22	50
Sn-37Pb	24	27
Pb-5Sn	29	10
Sn-3Ag-0.5Cu	22	42
Sn-9Zn	24	43
Sn-58Bi	18	33
Cu_6Sn_5	16	86-125*
Cu_3Sn	19	108-136*
Ni_3Sn_4	14	133-143*

＊：参考文献2)より

身が成長することにより、隣り合う結晶同士で歪みを生じる場合もあるだろう。つまり、界面で成長した金属間化合物の結晶粒子の大きさがそのまま欠陥の大きさになり得る。

　カーケンドルボイドは、特定の元素が一方向に拡散する場合に顕著になる。固体中の元素の拡散は、基本は結晶空孔を隣の原子が埋めるように移動するので、原子の拡散方向と空孔の拡散は逆方向に生じる。はんだ付け界面では、図10.1のように拡散が生じる。Cuが金属間化合物の中を一方向に拡散をすると、空孔は反対方向へ移動して集積する。したがって、この場合の空孔が集積する場所は、Cu_3Sn/Cu界面になる。実際に、長時間反応した界面では、ここにボイドが形成される。ボイドが形成されると、これは穴が一列に並んだ状態であり、極端な強度劣化になる。

　さて、どの程度の界面層の成長が、強度へどの程度影響を与えるか、あるいはどの程度のボイドが形成されると、どの程度強度劣化するかを知りたい

が、これは正直に言って大変難しく、現状では予測をすることができない。個別の実装状態、界面状態を調べる必要があるだろう。

　界面反応層の成長で変化するもう一つの特徴的な事柄は、脆性的な破壊が顕著になり強度のばらつきが大きくなることだ。この理由は、界面反応層の成長で、強度を左右する欠陥の大きさ（反応層の厚さ）のばらつきが拡大するためと言える。

10.3　特殊な界面を持つSn-Zn系の高温劣化

　前節までは、ほとんどのはんだで当てはまるSnが反応の主役になる例を紹介した。ところが、中にはかなり界面反応が異なる系がある。その代表格がSn-Zn系はんだである。本節では、高温劣化に関してSn-Zn系の例を紹介する。

　Sn-Zn系はんだは、Snより活性な元素のZnが反応の主役になる。このため、はんだ付け界面にはCu側からCuZn/Cu_5Zn_8の2層が形成される[3]。CuZnは大変薄いので、Cu_5Zn_8の成長を考えればよいだろう。図10.3が、高温保持した界面である。界面の反応層は時間の経過と共に成長するが、50時間程度から界面近くのはんだ中のZn分散相が粒子状に変化し、写真のように界面から反応完了領域が明確に観察される。この領域では、Zn分散相

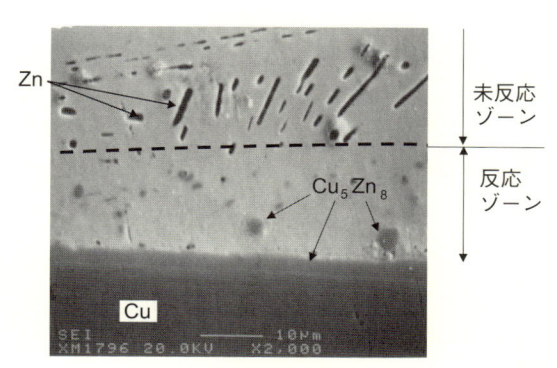

図10.3　Sn-8Zn-3Bi/Cu界面の高温変化（135℃-50時間）[3]

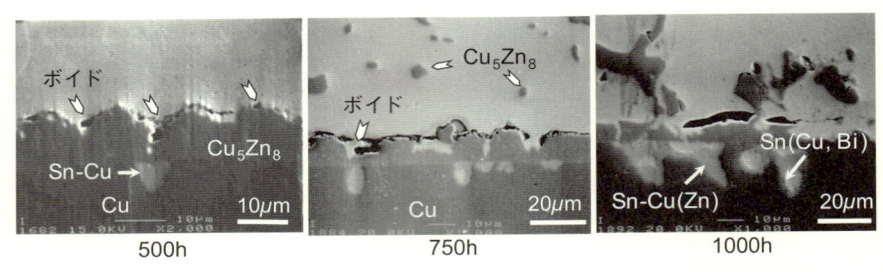

図10.4　150℃で 500 h～1000 h 時間処理した Sn-8Zn-3Bi/Cu 界面組織[3]

が Cu_5Zn_8 粒子になっているが、Cu が大変速く Sn 中を拡散するために Zn と反応して Cu_5Zn_8 になったものである。ちなみに、はんだに Bi が存在すると、この反応が加速される。

高温で長時間経過すると、限られた量のはんだの Zn 相はすべて Cu_5Zn_8 相に変化してしまう。さて、問題は、はんだ中の Zn 相が Cu_5Zn_8 相に変化し終わった後に生じる。さらに長時間保持した界面には、多数のボイドが観察される（図10.4）[4]。同時に、Cu 側界面に Sn-Cu 化合物の生成が Cu 内部に向かって成長を始める。このボイドは、次第に成長して互いに連結し、はんだ付け強度は大幅に減少することになる。

以上の結果をまとめると、はんだ中の Zn の化合物化が完了しない状況では、界面は比較的安定であるが、はんだ中 Zn が Cu_5Zn_8 形成にすべて消費されてしまうと、Cu の見かけ上の拡散が止まり、同時に界面への Zn の供給がなくなり、代わって Sn が Cu 側へ拡散を始める。このため、反応層中を逆方向へ一方向に拡散し、ボイドがはんだ側界面に成長する。このメカニズムを図10.5に示した。これは、拡散の現象がある時点で変化する、一風変わった劣化メカニズムである。はんだのボリュームが有限である場合に起こり得るもので、はんだ層の薄いところでは起こりやすくなるだろう。つまり、図10.1のような不均一なはんだフィレットでは、場所によって劣化現象の速度が異なることになるので、注意が必要である。150℃近い高温は、どのような接合系でも劣化が激しいが、125℃近くでも実装の形態により劣化時間が異なる可能性があるので、留意するべきである。

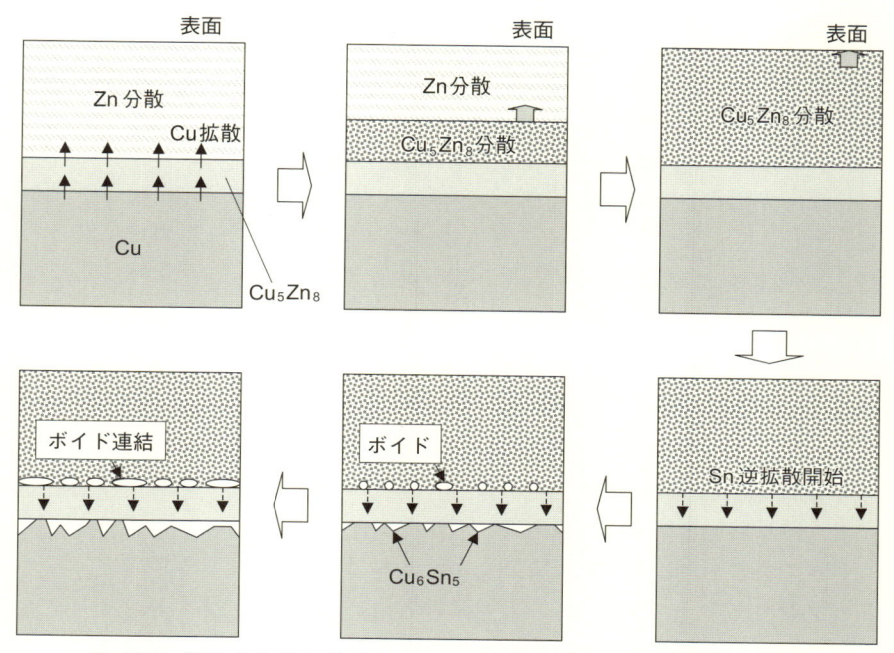

図 10.5　限られたはんだボリュームでの Sn-Zn/Cu 界面の反応の進行

10.4　高温劣化の対策

さて、予測は難しいが、信頼性を向上させる鍵を整理しておこう。基本的に界面の反応を進行させないことが対策であるが、Sn を用いる以上、拡散を止めることは困難である。

- ✓ **合金設計**：拡散を促進する元素（Pb、Bi など）は極力少なくする
- ✓ **バリア層を設ける**：Ni や Fe 系は効果的
- ✓ **実装の形態工夫**：はんだボリュームの影響を知る

拡散の促進元素の混入を避けることが必要である。Pb や Bi は、他の元素

を拡散促進する典型的な例になる。一方、拡散を抑制する元素については、情報が少ない。少なくとも拡散する元素を拡散する側にはじめから添加すると効果的である。バリア層としては、Ni や Fe 系が効果的である。特に、Ni 系は、はんだ付けの界面反応のバリア層として良く用いられているが、Sn との反応が穏やかなことが理由だ。一方、Fe はより一層反応が穏やかになる。酸化さえしなければ、Ni よりも安定な界面相を作れる材料で、例として、図 10.6 をご覧頂きたい[5]。これは、42 アロイと Sn-Ag-Cu のはんだ付け強度を界面反応時間の関数としてプロットしたものである。驚いたことにまったく強度が低下せず、その理由が 60 分経っても界面反応層の厚さが高々 3μm 程度と薄いことにある。ちなみに、Fe は界面にとどまって $FeSn_2$ を形成するが、Ni ははんだ中へ溶け込んで行く。第 7 章で、ステンレス製フロー槽の穴あきが課題になっていると紹介したが、Fe の多い材料を使うことが望ましい理由がここにある。

　最後の実装形態に関する点であるが、はんだフィレット形状のコントロールが必要であろう。界面への合金元素の供給が止まらないようにフィレットのボリュームを確保するか、合金元素をより多くするなどの手がある。

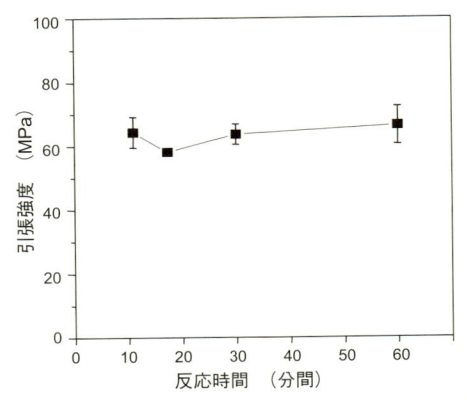

図 10.6　42 アロイと Sn の 250℃における反応時間と引張強度変化[5]

参考文献

1) P. T. Vianco, K. L. Erickson, P. L. Hopkins; *J. Electron. Mater.*, **23**(1994), 721-727.
2) G. Y. Jang, J. W. Lee, J. G. Duh: *J. Electron. Mater.*, **33**[10](2003), 1103-1110.
3) K. Suganuma, K. Niihara, T. Shoutoku, Y. Nakamura: *J. Mater. Res.*, **13**(1998), 2859-2865.
4) 金槿銖, 金迎庵, 菅沼克昭, 中嶋英雄：エレクトロニクス実装学会, **5**[7](2002), 666-671.
5) C.-W. Hwang, K. Suganuma, J.-G. Lee, H. Mori: *J. Mater. Res.*, **18**[5](2003), 1202-1210.

第11章

クリープ

　高温で材料に一定に荷重がかかると、低い応力でも徐々に材料の変形が進む。金属やセラミックスのような結晶材料では、変形が結晶中の線状の欠陥である転位の運動により説明できる。イメージが湧きやすいように説明すると、「結晶構造で決められたせん断変形で結晶が滑る」ような状況になる。ところが、高温での変形は低温とは異なり、点欠陥である原子の拡散が活性化することで生じる変形になる。この変形の様子を言葉で表現するのは難しいが、原子も転位も粒界でさえも自由に動ける状況になると考えてほしい。結晶材料一般に融点 T_m の半分を超える温度範囲では、機械的性質に対するこの拡散−変形の影響が無視できなくなる。すなわち、これがクリープである。温度により活性化された原子の拡散が転位を動かし（上昇や交叉）、あるいは結晶粒界を滑らせることで、材料のマクロな変形が引き起こされるわけである。

11.1　金属のクリープ現象

　はんだの融点は 200 ℃ 前後であり、これを絶対温度で表すと約 473 K になる。一方、室温は 300 K 付近であるから、はんだの融点 T_m に対し室温はおよそ $0.6 T_m$ 以上ということになる。したがって、はんだ付け部位は室温にお

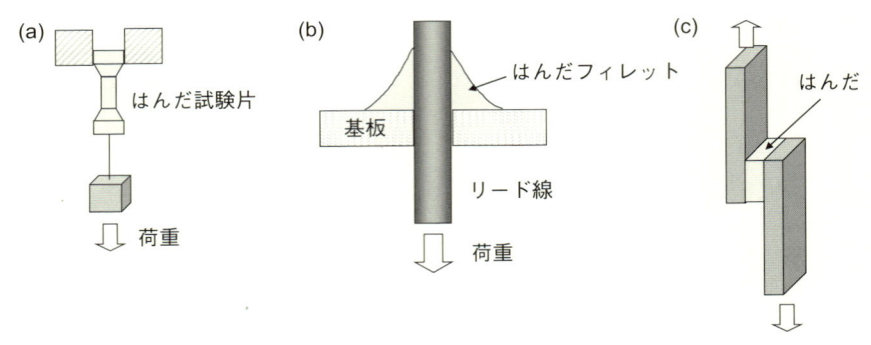

図 11.1　はんだの各種クリープ試験法

いてさえ拡散の影響を受け、実使用環境が数十℃に上がることを考えると、クリープ現象を無視した実装基板の力学的な信頼性設計はあり得ないことが理解できるだろう。

　さて、ここで簡単に金属のクリープ現象をおさらいしておこう。図 11.1 は、代表的なクリープ試験法を示している。(a)の試験法は一般の金属材料で行われるものと同様の試験片で、一方、(b)や(c)の試験片は実際の挿入実装や接合部を模擬した形状である。前者は、試験片の形状がクリープの各種パラメータの抽出に適している。後者は、いくつかのはんだ材料を比較する場合や、既知の材料と評価対象との相互比較を行う場合に適したものと言える。クリープ変形の問題になる形態が表面実装のせん断変形であるならば、パラメータの整理が難しいものの後者が現実的なものになるだろう。

　(a)の試験片に、おもりがぶら下がった状態で温度が上昇すると、低い応力でも試験片が変形を始める。応力下の拡散による変形が開始するからである。この時の伸びの時間変化をプロットすると、図 11.2 のようになる。はじめに変形により加工効果が起こり立ち上がる領域（Ⅰ）の後に、一定の速度で変形する領域（Ⅱ）が長く続く（2 次クリープまたは定常クリープ）。最後に急激に延びて破断に至る（Ⅲ）。この領域（Ⅱ）が試験片の変形に大きく寄与し、この間にボイド形成などの欠陥が試験片の中に蓄積されるので、寿命の予測に重要なクリープ領域となる。典型的な鉛フリーはんだのクリープ曲線を図 11.3 に示そう[1]。Sn-Ag-Cu、Sn-Ag、Sn-Cu のそれぞれ共晶はんだを比較し

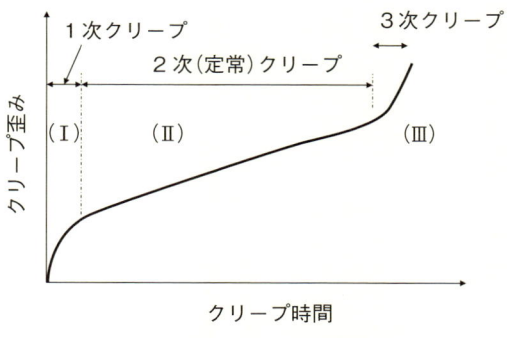

図 11.2　クリープ曲線

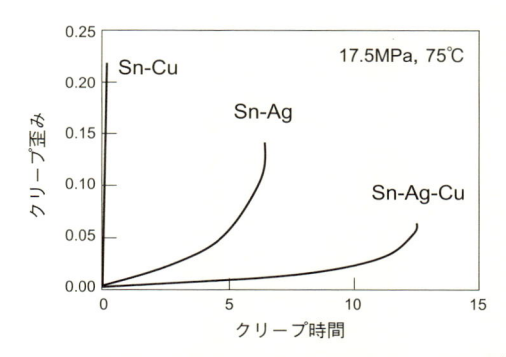

図 11.3　典型的な鉛フリーはんだのクリープ曲線[1]

ているが、クリープの破断時間の順では、

　　Sn-Ag-Cu ＞ Sn-Ag ≫ Sn-Cu

になることが端的に示される。ちなみに、Sn-Pb は Sn-Cu より短時間で破断する。この差は、金属間化合物の分散量の違いで説明される。つまり、Sn-Ag-Cu が体積率で約 5.9 %、Sn-Ag は約 4.8 %、Sn-Cu が 1.8 % となる[1]。金属間化合物は、Sn の強化に役立っているため、その体積率が多いほどクリープに対する抵抗力が高いということだ。強度は Sn-Ag-Cu が優れるもの

の、はんだにとって望ましい特性としてこれがすべてであるわけではない。つまり、破断伸びを見ると、明らかに Sn-Ag-Cu より Sn-Cu（Sn-Pb も）が大きく、Sn-Cu が延性では優位であることを示している。

11.2 メカニズム

定常クリープの領域の歪み速度は、負荷応力に対して次の関係を持つ。

$$\dot{\varepsilon} = A\sigma^n \exp\left(-\frac{Q}{kT}\right) \quad (11.1)$$

ここで、$\dot{\varepsilon}$ は歪み速度、A と n は定数、Q は活性化エネルギー、k はボルツマン定数、T は絶対温度である。(11.1) 式は、べき乗則と呼ばれる。クリープ寿命を考える場合には、最終的な破壊を定義する状況を決め（たとえば一定の歪み量など）、(11.1) 式を用いて逆数を取ることで得られる。

$$t_f = B/\dot{\varepsilon} = B'\sigma^{-n}\exp\left(\frac{Q}{kT}\right) \quad (11.2)$$

ここで、B, B' は任意の定数である。これらの式は、クリープ変形を予測する時に有用であるが、はんだの場合には組織が徐々に変化する点を注意しなければならない。Sn-Pb や Sn-Cu は、はんだ付け直後は微細な共晶組織を有していても、室温においてさえ次第に粗大化して行く。(11.2) 式で表される寿命データの例を図 11.4 に示す[2]。Sn-Bi、Sn-Pb、Sn-In などの例が (11.2) 式の関係によく載っていることが示される。この例からも、Sn-Ag がクリープに対して優れた抵抗を示し、Sn-Pb よりさらに弱いのが Sn-In である。

(11.1) 式で n は応力指数と呼ばれ、変形の機構を表す指標になる。Sn-Ag 系のような微細な金属間化合物が分散強化した鉛フリーはんだでは、Sn-Pb はんだと比べて大きな値を取ることが知られている。これまでに報告されている応力指数 n は 5～12、活性化エネルギー Q は 50～100 kJ/mole の幅広い範囲に分布している。結構データのばらつきも大きく、メカニズムの

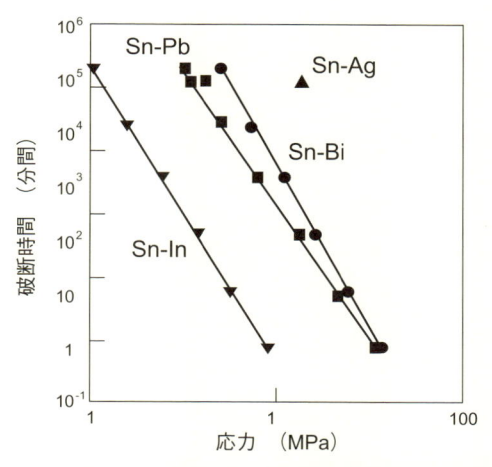

図 11.4　各種はんだのクリープ寿命へ及ぼす応力の影響[2]

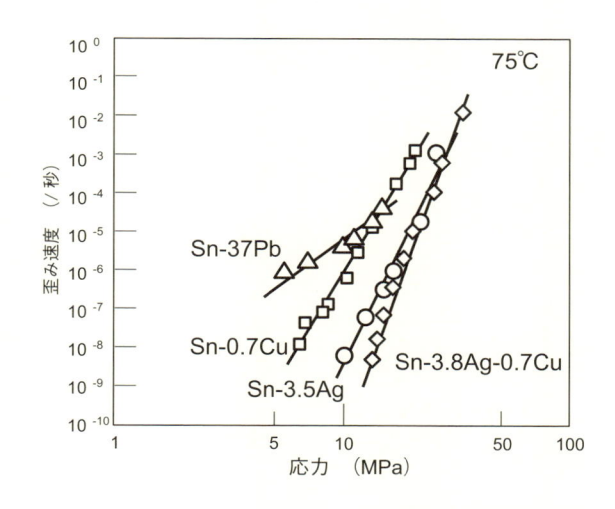

図 11.5　鉛フリーはんだの定常クリープ速度の応力変化[1]

統一的な説明もまだまだ難しい状況である。図 11.3 を両対数でプロットすると、図 11.5 が得られる。この例では、それぞれが 1 本の直線にフィットできているが、多くの例で高応力側と低応力側で明らかに異なった挙動を示

11.2　メカニズム　147

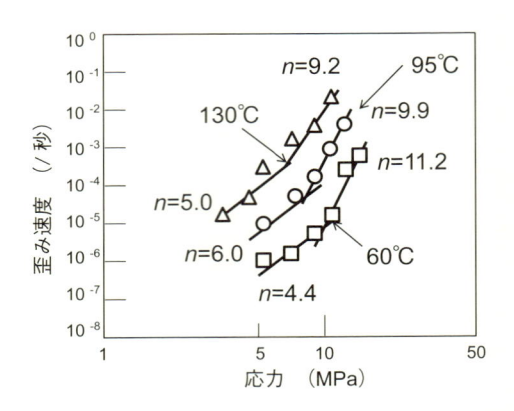

図11.6　Sn-3Ag-0.5Cu の定常クリープ速度－応力変化[3]

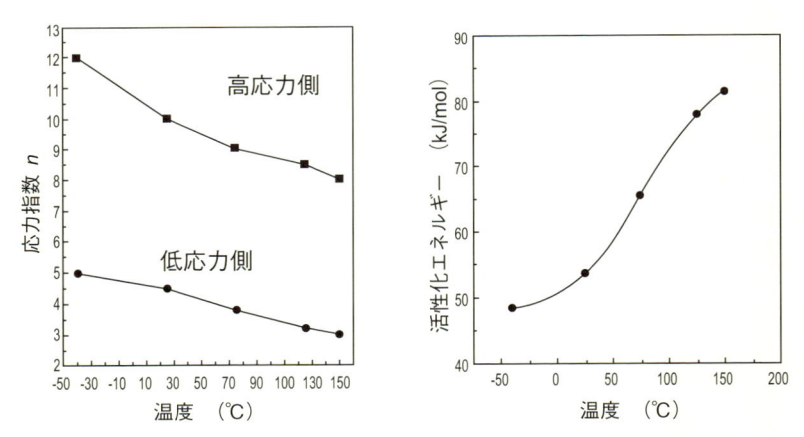

図11.7　Sn-Pb 共晶はんだのクリープにおける応力指数と
活性化エネルギーの温度変化[3]

すものがある。図11.6には、代表的な例を示す[3]。一般に低温または低応力側でのクリープは n 値が5近くの低い値を取り、拡散のメカニズムが転位芯拡散が主体であると言われる。一方、高温または高応力側では格子拡散が支配的になる。Sn-Pb 共晶はんだの例になるが、これらの応力指数 n 値および活性化エネルギー Q の温度変化として表したのが、図11.7である[4]。低

応力側では、応力指数は 5 程度から温度上昇に伴い徐々に低下し、150℃では 3 以下に下がる。一方、高応力側では 12 程度から温度とともに下がり始め、150℃では 8 程度の値になっている。この温度範囲で、活性化エネルギーは 50 kJ/mol 近くから 80 kJ/mol 近くまで上昇している。これらの連続的な変化は、上記の 2 モードが混在するためと説明される。

11.3 クリープ評価における課題

ただ、いまだに研究者間のデータの差が完全に説明し切れているわけではない。クリープデータのばらつきの原因は、実ははんだ組織の経時変化が同時に生じることも考慮しなければならない。また、初期組織の差も少なからず存在する。そもそも試験片を作るところからの条件の違い、つまり試験片の大きさや熱的な履歴などが反映した微細組織が微妙に影響しているものと考えられる。

FIB によりマーカーを付けたサンプルで、分かりやすいデータが公表されている[5]。図 11.8 をご参照いただきたい。この例は Sn-3.8Ag-0.7Cu を用いてせん断試験を行ったものである。この結果では、定常クリープによる変形

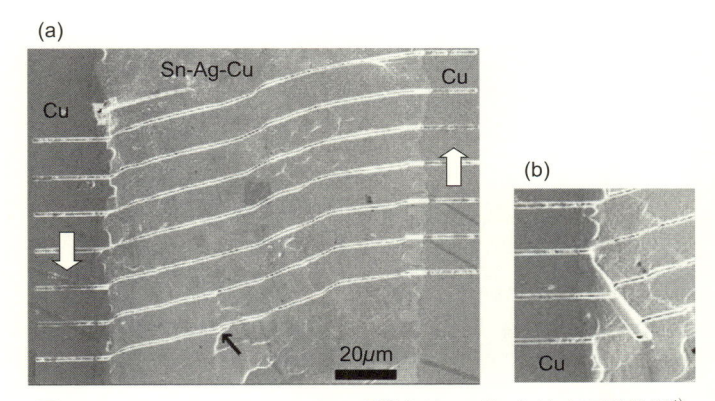

図 11.8　Sn-3.8Ag-0.7Cu のせん断クリープにおける変形状態[4]
(a) 不均一変形が顕著であり、矢印にはステップが形成される
(b) 初晶化合物の界面で変形がブロックされ、界面滑りが生じている

が組織の影響を強く受け、ランダムな局部に集中することで進行することが示されている。また、初晶金属間化合物が存在すると、初晶化合物は破壊せずに変形の伝播を阻止し、その界面が滑って変形することが認められる。

現実の実装においては、はんだ接続部位のサイズは日毎に微細化している。たとえば、フリップチップのバンプやCSPのボールのはんだサイズは50μm径にまで達しようとしている。こうなると、個々のバンプやボールが粒界を持たない単結晶になってしまい、Snが異方性の強い材料であることを考えると、各種機械的性質の評価方法そのものまで考え直さなくてはならないだろう。

クリープの評価方法における課題とともに、クリープ抵抗を強くして同時に応力緩和の効果をいかに高めるかが今後の鉛フリーはんだにとっての重要な開発目標になるだろう。すなわち、硬すぎるSn-Ag-Cuは万能ではなく、よりソフトなはんだも時として必要になる。強度が不足している大きな部品を搭載する場合や、セラミックス基板や金属コア基板などの硬い基板に対する相性である。一部の半導体メーカーは、ボールとしてSn-Ag-CuよりもSn-Cuを推奨するところもある。これは、Sn-Cuのソフトさを買ったものである。次章で紹介する温度サイクルへの抵抗力を含めて、信頼性確保を目指す今後の課題といえるだろう。

参考文献

1) M. L. Huang, C. M. L. Wu, L. Wang: *J. Electron. Mater.*, **34**[11]（2005），1373-1377.
2) J. Glazer: *J. Electron. Mater.*, **23**[8]（1994），693-700.
3) H. G. Song, J. W. Morris, F. Hua: *JOM*, June,（2002），30-32.
4) X. Q. Shi, Z. P. Wang, W. Zhou, H. L. J. Pang, Q. J. Yang: *J. Electron. Pakcaging*, **124**（2002），85-90.
5) P. P. Jud, G. Grossmann, Urs. Sennhauser, P. J. Uggowitzer: *J. Electron. Mater.*, **34**[9]（2005），1206-1214.

第12章

機械疲労と温度サイクル

　継続的な振動が加わる機器では、疲労特性は文字どおりに寿命を左右する重要な特性項目になる。たとえば、ボタンを連続して激しく押し下げられる携帯電話は、キーがそのまま接する実装基板そのものへの負荷も大きい。車載機器やFA機器では、温度の上昇を伴い定常的な振動が長く継続する厳しい疲労環境になる。はんだ材料およびその接合部の疲労特性を理解することは、まず、これらさまざまな機械疲労環境で生じる現象を予測するために必要になる。それと同時に、長時間掛けて評価される温度サイクル（熱疲労）特性を短時間で代替して評価するためにも機械疲労試験は行われている。本章では、まず機械疲労に関して基礎的な部分を理解しよう。

12.1　機械疲労の効果

　機械疲労を理解するための主要なパラメーターは、応力/歪み、振幅、そして破壊に至るサイクル数であろう。捉えるべき現象としては、歪みの蓄積（ボイドの核生成と成長）、亀裂発生と臨界長さまでの成長となる。機械的疲労を取り扱うモデルには、応力を基礎とするモデル、歪み範囲（塑性とクリープ）を基礎とするモデル、エネルギー・モデル、そして損傷の蓄積を基礎とするモデルなどがある。応力ベースのモデルは、振動や打鍵などが負荷される

ケースになるだろう。歪み範囲をベースとするモデルが、熱応力のシミュレーションの選択肢として重要な意味を持っている。エネルギー・モデルは、応力－歪み曲線のヒステリシスをエネルギー消費に換算して求める手法で、はんだの分野では比較的新しい。損傷過程を扱うモデルは、亀裂の進展などを定量化するもので、破壊力学に基礎を置いている。

はんだやはんだ付け部分の破壊現象は、比較的低いサイクルで破壊が生じ、「低サイクル疲労（Low cycle fatigue）」と呼ばれる。図 12.1 は、破断寿命（サイクル数）に対するトータルの歪み量を模式的に表している[1]。低いサイクル数で破壊する場合と高サイクルの領域に分かれている。これは、疲労が非弾性項と弾性項の和になっているからである。

はんだの場合、弾性変形に比べて塑性・クリープ変形の領域が広い。今、繰り返し応力が負荷されたときに全歪みを$\Delta \varepsilon_t$とする。その内訳は、弾性成分$\Delta \varepsilon_e$と非弾性成分$\Delta \varepsilon_{in}$の和になる。

$$\Delta \varepsilon_t = \Delta \varepsilon_e + \Delta \varepsilon_{in} \tag{12.1}$$

これを応力－歪みの図に描くと図 12.2 の関係になる。ここで、非弾性歪みの項が Coffin-Manson の関係式にしたがう。

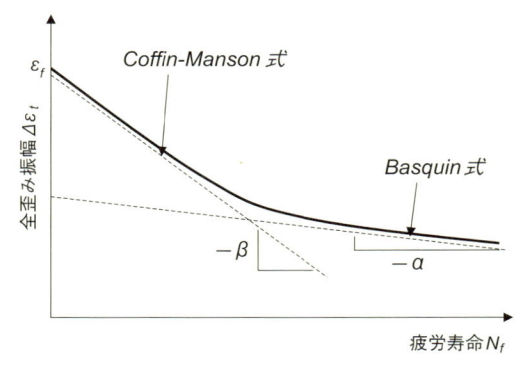

図 12.1　歪み範囲－破断に至るサイクル数関係[1]

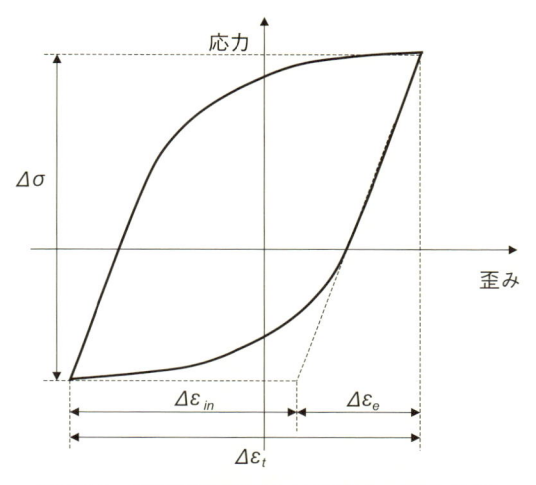

図 12.2　機械的疲労における応力－歪み曲線

$$\Delta \varepsilon_{in} \cdot N_f^{\beta} = C \quad (12.2)$$

β と C は材料定数になる。β は、およそ 0.5～0.7 の範囲を取る値である。これら係数は、試験片の形状や変形のモードで異なるので、通常は実験によって求める。さらに正確に言うと、高サイクル疲労を含めて図 12.2 に示されるように弾性項も考慮しなければならない。

　Coffin-Manson の関係で整理できる一例として、Sn-3.5Ag-In 系鉛フリーはんだで評価された図 12.3 を示す[2]。Sn-Pb 共晶はんだに比べて、Sn-Ag 共晶はんだは機械疲労に対して格段に優れた特性を示している。In を徐々に添加すると次第に疲労特性が悪くなるが、5%In の場合でも Sn-Pb 共晶ほどは低くなっていない。この他の合金元素の添加効果も検討されており、Cu は 2 %までほとんど変化せず、Zn はわずかに低下する。Bi は疲労寿命の低下率が大きく、2%Bi 添加でほぼ Sn-Pb 共晶はんだ並みに落ちている。

　加速項の評価には、試験における周波数項も影響を与える。この項は、Sn-Pb 系のはんだに対して経験的に $f^{1/3}$ で用いられており、これを (12.2) 式に組み入れると、寿命評価式として、

12.1　機械疲労の効果

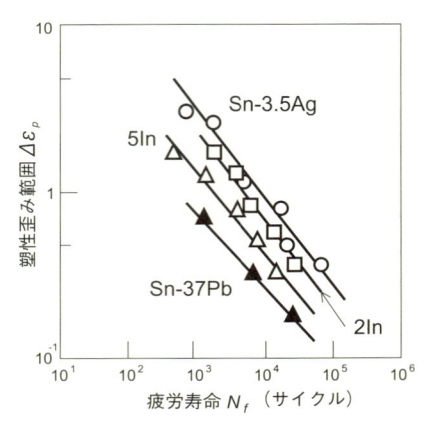

図 12.3　Sn-3.5Ag-xIn と Sn-Pb 共晶はんだの室温における Coffin-Manson プロット[2]

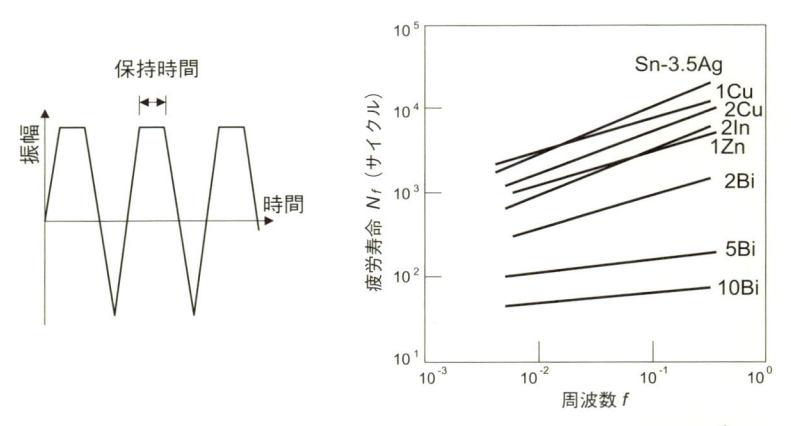

図 12.4　Sn-3.5Ag-X の機械疲労破壊寿命に及ぼす振動数の影響[3]
（室温試験、歪み 1%）

$$N_f = C \cdot f^{1/3} (\Delta \varepsilon_{in})^{-\beta} \tag{12.3}$$

の関係が得られる。ところが、各種鉛フリーはんだに対し、疲労寿命の周波数依存性が評価比較された例が、図 12.4 のように示されている[3]。この結果

では、周波数のべき乗項は 0.13～0.51 の幅広い値を示しており、上記の"1/3"ではフィットできないことが示されている。周波数項に関しては、まだ、十分な理解が得られておらず、試験方法、試験片の形状などを含めて、さらに統一的な理論式が得られるよう検討を重ねることが望まれる。現時点では、図 12.4 の様な評価を行い、実験的に周波数特性を評価することが必要である。

さて、クリープの影響を無視できないことから、特に引張り負荷の掛かった状態は欠陥発生の影響が大きいと言える。つまり、引張り状態における応力緩和が寿命低下を招く可能性がある。実際の疲労試験においても、この効果を組み入れて試験を行うことが望ましい。評価においては引張り状態で一定の保持時間を設け、どの程度の保持時間が必要かを判断する。Sn-3.5Ag の場合では、合金に依らず約 120 秒（2 分）程度で歪みの影響が飽和する[2]。2 分程度の保持で十分な効果が得られるだろう。

12.2　温度サイクルの効果

温度サイクル（または熱疲労、熱衝撃）は、実際のほとんどの機器で故障の原因となり得るので、信頼性の鍵を握る特性と考えねばならない。たとえば、フリップチップの温度変化を考えてみよう。図 12.5 に、温度変化で Si ダイと基板との接続はんだボールが歪む様子を模式的に示した。Si をはじめとする半導体の熱膨張係数は小さく、一方、基板の熱膨張率は大きい。このために、機器が温度変化することにより、大きなストレスがはんだボールに掛かることになる。図には加熱時の変化を示しているが、冷却の過程では、逆方向へ歪みが発生する。この繰り返しを受けることで、はんだボールや界面近傍に亀裂が発生し、伝播して最終破断に至ることになる。一定の温度幅の変化であれば、はんだに掛かる歪み範囲は一定になり、応力範囲は一定ではない。これが、前節で歪み制御の疲労試験が有用であると述べた一つの理由である。

はんだの変形モードに対しては、温度が上昇するのでクリープ変形の影響が等温の機械的疲労を受ける場合よりもさらに大きくなる。図 12.2 と同じ 1

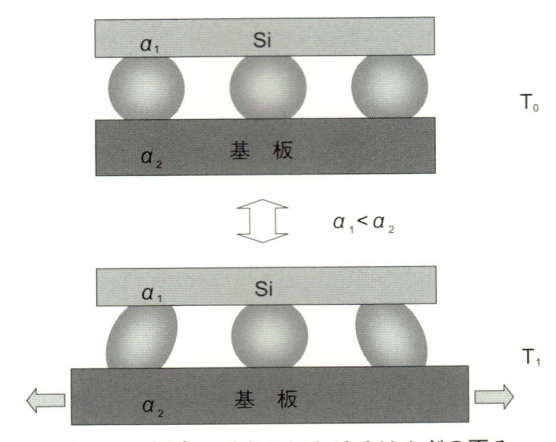

図 12.5 温度サイクルにおけるはんだの歪み

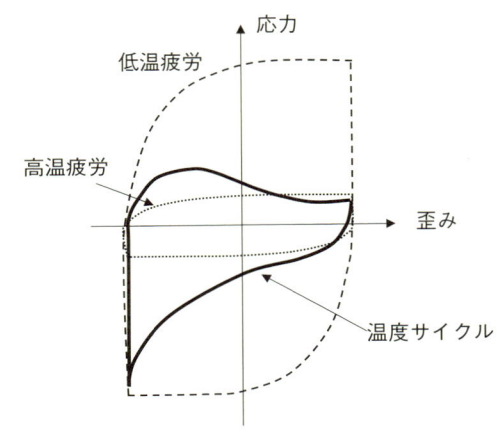

図 12.6 温度サイクルにおける応力ー歪みのヒステリシス曲線[4]。
右肩の太い波線の矢印は、保持を行った場合の経路

サイクルの歪みー応力ヒステリシスを描くと、図 12.6 のようになる[4]。波線で高温側と低温側で変形させた場合のヒステリシスを示しているが、温度サイクル試験ではその両者に囲まれる範囲をクリープによる緩和の影響を受けながらサイクルを描いている。

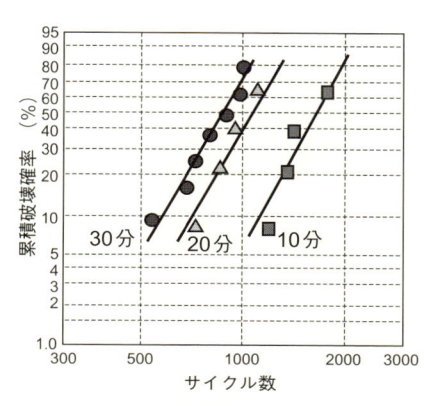

図 12.7 Sn-8Zn-3Bi ペーストで Sn-3Ag-0.5Cu ボール CSP 実装した基板の温度サイクル寿命のワイブルプロットに及ぼす保持時間の影響[4]

　機械疲労と同様に、保持時間が寿命へ大きく影響する。保持時間を入れた場合の変化を右上と左下の波線矢印で示している。また、短時間で済ませることを考えると、昇温速度、冷却速度もパラメーターとして大きな影響を持つ。正確な温度サイクル特性評価には、これらの最適化が必要になるが、まだ統一的な見解がない状況で、経験的には20分から30分の保持時間が必要と言われている。図12.7には、Sn-3Ag-0.5Cu ボールを搭載する CSP を Sn-Zn-Bi ペーストではんだ付けし、温度サイクル特性を評価したものである[5]。保持時間が10分、20分、30分と長くなるにしたがって低寿命側へシフトしているが、20分から30分ほどの保持で変化が少なくなっていることが示される。

12.3　疲労および温度サイクル影響の評価方法

　基板に実装された状態での機械疲労試験法および温度サイクル試験法に関し、以下には、いくつかの評価上の要点を示す。
　図12.8には、部品搭載基板の曲げ疲労試験の例を示す[6]。この例では、制御波形は三角波で、最大押し込み深さは0.5〜5 mm、押し込み速度は0.5

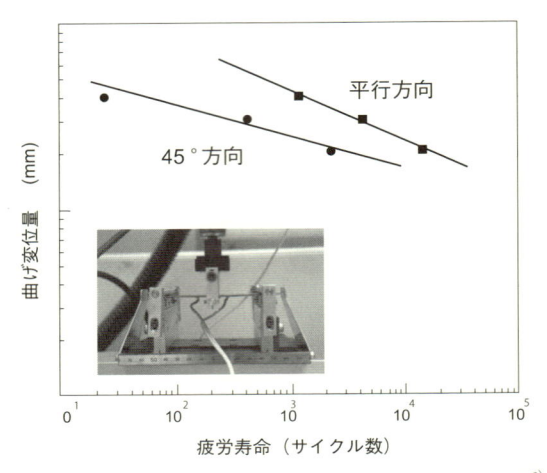

図 12.8　機械疲労寿命へ及ぼす部品搭載方向の影響[6)]
FBGA を Sn-3Ag-0.5Cu ボールで基板実装し、部品の 4 辺を基板の各辺に
平行方向および 45°方向で曲げ試験を行った結果

mm/秒、支持スパン長さは 90 mm で行われた。基板の支持部は、水平方向の自由度を持たせて試験片が踊らないように抑えてある。また、搭載部品はデージーチェーンを持ち、試験中の抵抗変化をモニターすることで一定の抵抗値に落ちた時点を寿命としている。部品は各種表面実装部品が評価され、図には FBGA の例が示されている。部品の実装方向が寿命に影響し、部品の 4 辺が基板の 4 辺に平行方向が長寿命になっている。

温度サイクル試験法は、CSP や BGA 搭載基板の評価に関し JEITA 規格（ET-7407）がある。温度範囲は −25〜125 ℃、−40〜125 ℃、−30〜80 ℃の範囲で、保持時間は Sn-Pb が 7 分以上、Sn-Pb が 15 分以上としている。昇温、降温速度等は決められていない。米国では、JECEC により標準が決められている（JESD22-A104-B）。その規定では、低温側は −65〜0 ℃、高温側は 85〜150 ℃までの細かな設定が為され、保持時間も 1〜15 分の間の選択となり、昇温速度は 10〜14 ℃/分の間が推奨値とされる。基本的には、2 槽式の温度サイクル試験器を用い、1 サイクルを 2 時間程度としている。前述したように、この設定温度での 15 分保持では短いと感じられる。保持温度の

図 12.9　2 槽式温度サイクル試験装置と庫内の様子（エスペックより）

　影響は実装形態にも依存するだろうが、20 分以上が望ましいだろう。図 12.9 には、2 槽式の温度サイクル試験装置の例を示す。

　最後に、本章が関係する信頼性に関して追加で組織的なことを述べておこう。実装基板における微細接続部の特異性に着目し、マイクロサイズのはんだ材料や接合体の評価が始まっている。はんだ付け部位は数百 μm の大きさであり、たとえば小さな CSP の Sn-Ag-Cu ボールなどは、数個の結晶粒子から構成されるのが普通で、場合によっては単結晶にもなりかねない。Sn 自体が異方性の強い金属であるので、結晶粒径の機械的な特性や疲労寿命への影響は絶大になる可能性がある。もう一つ注意をしたいのは、Sn-Ag-Cu 系はんだが、元来金属間化合物を形成する系であることである。特に初晶と呼ばれる粗大な Ag_3Sn の形成には注意をしなければならない。初晶 Ag_3Sn は板状に形成し、その大きさは数百 μm にも成長する。機械疲労試験などでは寿命へ影響が出るという報告と関係しないという報告があり、一概に有害であるとは言い切れないが、基本的には形成しないような組成が望ましいだろう。組織や試験方法などに関してはまだまだ情報が不足しており、正確な寿命評価を行うためにも今後の精力的な研究データの蓄積が望まれる。

参考文献

1) W. W. Lee, L. T. Nguyen, G. S. Selvaduray: *Microelectronics Reliability*, **40** (2000), 231-244.
2) Y. Kariya, M. Otsuka: *J. Electron. Mater.*, **27**[11] (1998), 1229-1235.
3) 苅谷義治、香川裕秀、大塚正久：Mate98、溶接学会、(1998).
4) P. Hall: *IEEE Transactions on Components, Hybrids, and Manufacturing Technology*, **7**[4] (1984), 314-327
5) 「低温鉛フリーはんだ実装技術」、エレクトロニクス実装学会、(2003)
6) 田中秀典、苅谷義治、佐々木喜七、高橋邦明：MES2005、エレクトロニクス実装学会、(2005)、285-288.

第13章

高湿環境における劣化

　古い話であるが、ある大手電気メーカーのテレビをアメリカに輸出した時に、現地に着いてみるとなぜか製品の故障が多発し、そのメーカの製品は信頼性が大変低い製品とレッテルを貼られてしまったことがあるそうだ。国内で使用している分にはまったくそのようなことはなかった。その後、メーカーの技術者は必死でその原因を究明し、とうとう、船便で運ぶ途中にパナマ運河を通り、その時の高い温度と湿度で部品の故障が発生したことを突き止め対策を打った。その後の弛まぬ努力で、日本製品の信頼性の高さが再認識されたという。製品の製造過程、実使用だけではなく、配送まで含めたライフサイクルを信頼性設計しなければならないというわけだ。本章では、機器の故障でも対策が難しい高湿の影響を見てみよう。

13.1　吸湿で起こる故障

　湿度の高い環境は、電子機器にとって注意しなければならない環境である。日本では、太平洋側で真夏は80％の相対湿度を平気で超えるので、大変厳しいといえる。通常、我々が湿度と単に呼んでいるのは、相対湿度である。つまり、ある温度での飽和水蒸気圧から求めた相対的な湿度になる（％の後にRH（relative humidity）を付けるのが普通である）。湿度100％になると結

露してしまうが、実際に、真夏の昼間に胸ポケットに携帯電話を入れて外歩きをする状況を考えると、実際にこれに近い状況は起こりそうである。また、今日の電子機器の多くは、東南アジアや中南米諸国で造られ、日本、北米、欧州へコンテナ輸送している。それらの運搬中にコンテナの空調が止まってしまうような事故もあるかも知れず、想定される湿度に耐えるような材料・部品の選択や品質の保証には、十分に気を付けなければならない。

さて、湿度が電子機器へどう影響するかは、さまざまな観点から眺めないといけないが、主な故障形態には次のような観点があるだろう。

- ✓ 短絡
- ✓ 有機材料の吸湿による膨れ
- ✓ 吸湿が原因となる腐食や酸化
- ✓ イオン・マイグレーション

まず、短絡は、ウィスカや設計ミスを除けば消費者のエラーがほとんどなので、どのように対処しようもなく、ここでは除外する。次の有機材料の吸湿は、現象としては比較的に良く理解されている。つまり、材質とキュアの状態さえ明確になれば、水分をどれだけ吸い込むかが予測できる。この吸湿も熱活性化過程になり、その詳細は文献1)などが詳しい。電子機器を構成する有機材料には、製品パッケージの中に電子部品のプラスチックパッケージ、アンダーフィルや接着剤、はんだのフラックス、各種基板、最近では有機デバイスなどもある。有機材料はセラミックスや金属と比べて水分には弱く、簡単に吸湿してしまうが、その対策も積極的なされており、即、寿命へ影響するような問題はない。

吸湿はそれほど問題ではないが、はんだ付けにも大気中の水分や基板やパッケージに吸湿された水分の存在により徐々に変化が生じることがある。それが、上記の後半の3項目以降の、腐食・酸化、イオン・マイグレーションである。まず、これらの生じ得る状況を、模式的に図13.1に描いたのでご覧いただきたい。水分の存在下では、はんだ自体の酸化や腐食が起こる。その進行速度は合金種類や不純物、フラックス成分残渣、基板からの溶出イ

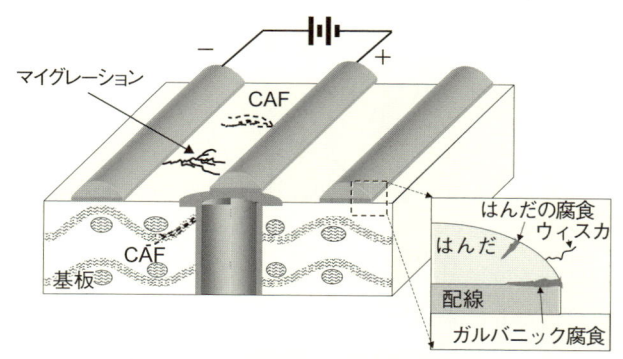

図 13.1 高湿環境での各種腐食現象

オンなどの存在により大きく影響を受ける。表面の酸化、界面におけるガルバニック腐食（Galvanic corrosion）、ウィスカ発生などの可能性がある。ウィスカに関しては、鉛フリー化における深刻な問題になっており、詳細を後述する。

最近は、フラックスの無洗浄化が進んでおり、活性な残渣が残らずフラックスがはんだや配線を保護する設計になっているが、フラックスが経年変化で割れたりすると、フラックス亀裂で吸水しやすくなるため注意が必要である。電極間に電圧が掛かる場合には、さらに反応が促進される。典型的には、イオン・マイグレーションや CAF（conductive anodic filaments）の形成である。著しい場合には、これらにより電極間がショートしてしまうので、注意が必要である。

はんだ付け部分に対するこれら因子の影響や各種現象のメカニズムに関しては、まだ十分に整理されているとは言い難い。寿命評価試験においては、実際に何が起こり得るのかを理解して取り組まないと、まったく的はずれな評価になるかも知れない。本章では、この点に注意しいくつかの例を交えながらまとめる。

13.2 高湿環境での腐食

はんだではないが、ここでは接続材料としてはんだ代替としての Ag-エポキシ系の導電性接着剤や ACF（異方性導電性フィルム）について例を紹介しよう。

Ag-エポキシ系は、フレーク状の Ag が導電性発現機能を受け持ち、エポキシが接着の役目を果たす電気接続材料である[2]。150℃以下の低温実装を可能にする魅力のあるはんだ代替材料である。ところが、バインダーであるエポキシは基本的に吸湿するために、その影響が Ag の接続部分へ及び、電気特性や機械特性へ影響を与える場合がある。

図 13.2 は、高温高湿に保持した Sn めっきチップ部品の抵抗値の変化を示す[3]。保持時間とともに、抵抗値が大幅に上昇している。この劣化現象は、抵抗値の上昇ばかりでなく接続強度の低下も同時に生じることが分かっており、Sn めっき部品と Ag-エポキシ系導電性接着剤の相性の悪さとして知られている。その原因は、Ag 粒子/Sn めっき間に接触電位差が生じることにある。異種の金属材料が接する場合、必ず両者の間に電位差が生じる。回路が出来なければ電気は流れないが、湿度が高い雰囲気では、異種金属界面を挟んで図 13.3 のような回路が形成される。この腐食現象は「ガルバニック腐食」と呼ばれ、局部電池を界面に形成することで腐食反応が進行する。腐食によってイオン化しやすい卑な金属側が溶け出し、あるいは水酸化物や酸

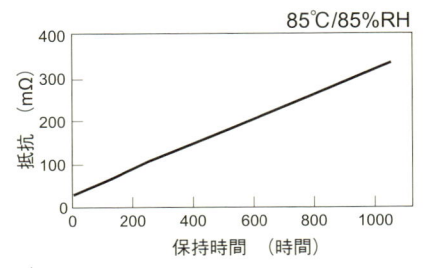

図 13.2 導電性接着剤で Sn-Pb めっき C3216 を実装した場合の高温高湿試験における抵抗変化[3]

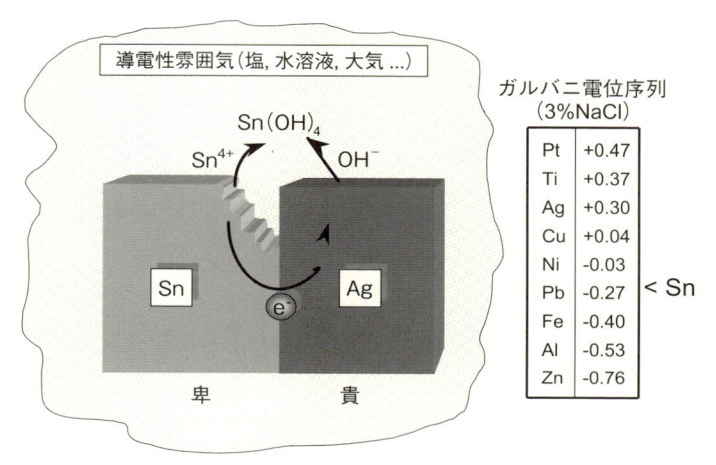

図 13.3　ガルバニック腐蝕のメカニズム

化物を形成し界面の劣化が生じる。図には電位の序列を示したが、雰囲気のpHや不働体皮膜の形成などによっても影響を受ける。

　Ag粒子/Snめっき界面の腐食は接着界面で生じるが、エポキシがこの接着界面を封止していれば水は進入出来ず、腐食反応は生じないはずである。ところが図9.2のように、実際には温度と湿度により徐々に腐食が進行する。つまり、水分がエポキシか接着界面を伝ってAg粒子/Snめっき界面に到達している。エポキシなどのポリマ構造は、分子レベルでオープンな空間を有していると思わねばならない。この空間は水が進入できるほどの大きさを有しており、導電性接着剤のキュアの条件によって状態が左右される。したがって、劣化を生じさせない有効な対策としては、キュアを十分に行いこの空間を塞ぐことが第一に挙げられる。ACFも水分の進入の影響は同様に考えられ、たとえばNiコート粒子を用いたものでは、Niめっき/Snめっき間の電位差は小さくガルバニック腐食はさほど問題ではないが、NiやSnの酸化の影響から抵抗値の劣化が生じる。この現象に対しても、上記と同様にキュアの条件をコントロールすることが必要である。また、この他の系でも、たとえばAg/SnやAu/Snなどの界面は同様にガルバニック腐食の可能性を考慮しなければならず、AgめっきやAuめっき部品のはんだ付けや、

この組み合わせのコネクタ、スイッチなどには注意が必要である。

　鉛フリーはんだは一般に高湿環境での腐食には強いが、唯一、Sn-Zn系はんだは湿度に注意をしなければならない。60℃/90%RH 程度の高湿環境ではそれほど腐食は進行しないが、85℃/85%RH の条件では Zn がはんだフィレットの表面へ拡散すると同時に酸化する。接触電位差を考えると、この腐食反応もガルバニックに基づくものと思われる。Zn は表面近くで粗大化し、反応で ZnO になる。この反応は、Pb が微量に混入する場合や Bi がはんだに合金化される場合に加速される。図 13.4 は、1000 時間保持した場合のせん断試験後のフィレット断面組織である。破壊時における亀裂が、ZnO 層や ZnO/Sn マトリックス界面を伝播していることが分かる[4]。Cu との接合界面も問題になり、界面には Cu_5Zn_8 が存在し $Sn/Cu_5Zn_8/Cu$ の構造になり、この界面でも同様に酸化・腐食が進行する。

　以上の高湿環境での異種金属界面に生じる腐食現象は、はんだ付けや導電性接着剤実装ではさまざまな環境パラメータ（雰囲気、イオン性不純物など）の影響が未だに不明な点が多く残されている。これらのパラメータをうまく整理し、寿命評価と延命化を行うことが望まれる。

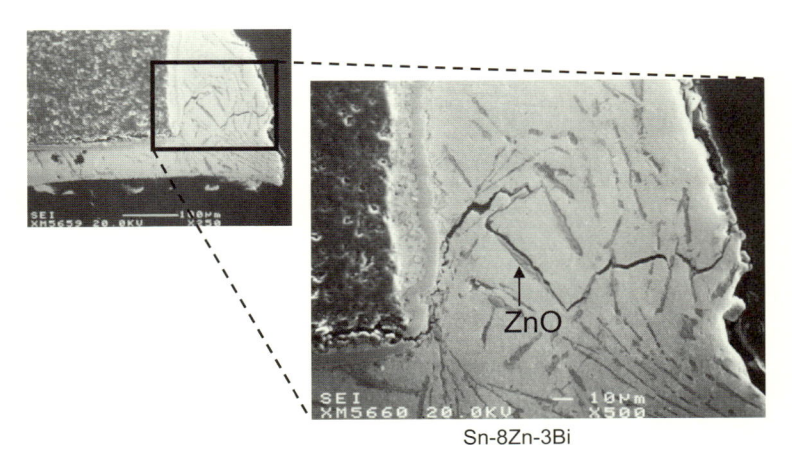

Sn-8Zn-3Bi

図 13.4　85℃/85%RH、1000 時間保持後のチップ部品
　　　　せん断試験における亀裂伝播[4]

13.3　イオン・マイグレーション

　イオン・マイグレーションは、1955年の交換機の故障に関する報告で知られた長い歴史のある現象である[5]。図13.1の図をもう一度見て頂こう。図でマイグレーションと書かれたものが通常のイオン・マイグレーションで、＋極から金属イオンが溶け出し－極で電子をもらって金属化する。これがデンドライト状に成長し、最終的には短絡に至る。もう一つのCAFは、＋極から金属イオンが溶け出すものの－極への拡散が遅いために還元析出が繰り返され、＋極から－極へ向かって徐々に成長する。形成される物質は、金属ばかりでなく化合物や酸化物の場合もある。CAFには基板内を伝わる場合もあり、繊維とマトリックスの隙間や基板間の接合界面を伝わって成長する。このように、実際の機器では幾つかの経路でイオン・マイグレーションが生じ得る。図13.5は、Sn-Pbめっきで生じたイオン・マイグレーションの例を示すが、この場合はPbが溶け出し、溶け出したデンドライト組織にはSnも多少混在する。

　Agは、イオン・マイグレーションの生じやすい元素としてよく知られている。Agは配線材料としての工業的な価値が高いが、これに反してマイグレーションが起こりやすいことから、多くのイオン・マイグレーション研究がAgに対してなされている。おおよその現象は把握され、そのメカニズム

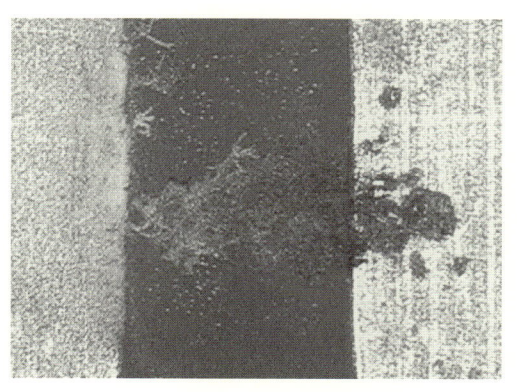

図13.5　FR4基板の配線のSn-10Pbめっきで発生したイオン・マイグレーション

は以下のステップで理解される。

1) ＋極で Ag のイオン化
   ＋極：Ag → Ag^+ ＋ e^-
2) 水の電気分解と Ag イオン反応（電気分解が生じる電圧以上）
   Ag^+ ＋ OH^- ⇄ $AgOH$
3) 水酸化銀から酸化 Ag 形成／逆反応
   $AgOH$ ⇄ Ag_2O ＋ H_2O
4) －極へクーロン力で移動し金属化
   Ag^+ ＋ e^- → Ag（樹状に成長）

　AgOH や Ag_2O は標準状態では安定ではないので、－極へ移動する間にも 2)，3) の反応は可逆的に繰り返される。他の金属のイオン・マイグレーションも、ほぼ同様の過程を経て起こると考えて良いだろう。2) で、水の「電気分解が生じる電圧以上」と条件を付けたが、それ以下の電圧でも、イオン・マイグレーションが起こることも分かっている。図 13.6 は、横軸に電解をとり、縦軸にイオン・マイグレーションによりショートするまでの時間をプロットしたものである[6]。pH の変化によらず印加電圧が 0.8 V のところでショートまでの時間が屈曲し、この電圧以下でもイオン・マイグレーション

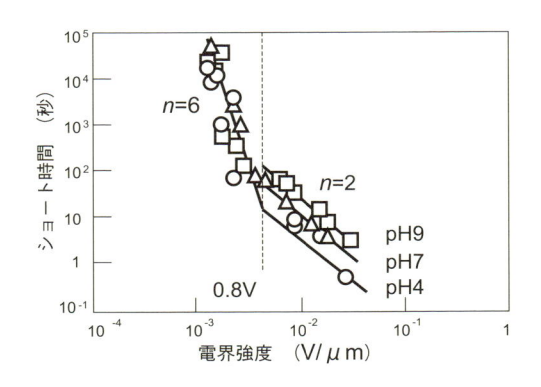

図 13.6　Ag のイオン・マイグレーション発生時間に及ぼす電界強度と pH の影響[6]

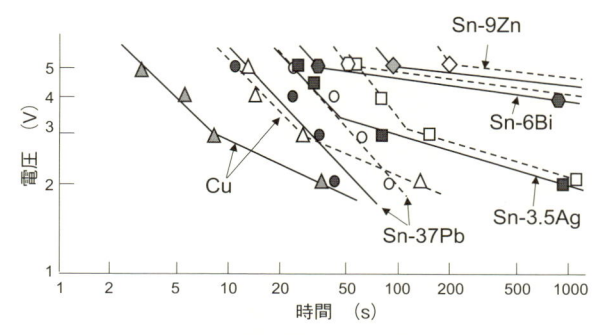

図 13.7 脱イオン水滴下試験（WDT）によるマイグレーション評価[7]
（JIS2 型櫛形電極、実線は初期値、波線は短絡）

が生じ、その範囲では pH の影響を受けなくなっている。低電圧側で pH の影響を受けなくなるのは、電位 – pH 図から判断して Ag イオンの生成に pH が影響しないためと考えられている。

　鉛フリーはんだは、Ag や Sn-Pb 共晶はんだよりイオン・マイグレーションに対して抵抗力があることが知られている。図 13.7 は、各種鉛フリーはんだに対し簡易試験法で評価された例である[7]。Cu ＞ Sn-Pb ＞ Sn-3.5Ag-0.75Cu ＞ Sn-58Bi ＞ Sn-9Zn の序列で、マイグレーションが生じやすい。Pb と Zn を除き、ほとんどの場合は Sn が溶出元素である。Ag は単独ではイオン・マイグレーションを生じやすいが、Sn-Ag-Cu はんだは合金元素の Ag が Ag_3Sn で固定されており、固溶している Ag はほとんど無い。このために、イオン・マイグレーションの感受性は低く抑えられている。図 13.8 には、FR4 基板の櫛形 Cu 配線に鉛フリーはんだペーストをリフローし、高温高湿において電圧印加試験を行った例である。この例では、無洗浄で残存しているフラックスが高温高湿試験でひび割れ、そこから水分が進入して下地に露出している Cu 配線がイオン・マイグレーションを引き起こしたものと判断される。

　イオン・マイグレーションには、さまざまな因子が影響を及ぼす。温度、湿度はもちろんであるが、電気化学序列、pH、印加電圧、合金元素、フラックス残渣、基板からのイオン性溶出元素、付着する異物などさまざまである。

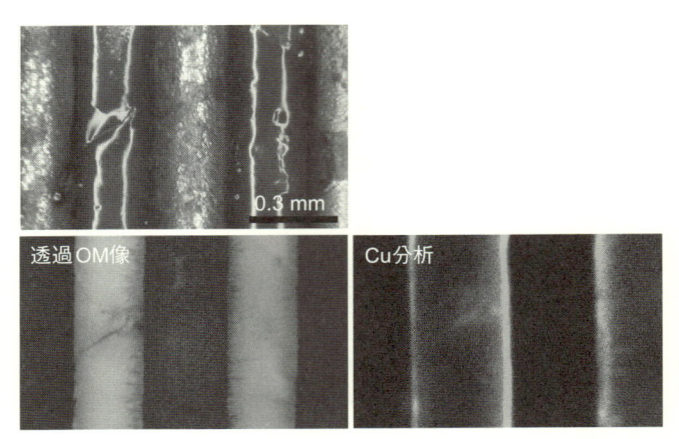

図 13.8　Sn-2Ag-0.5Cu-4Bi はんだに見られるマイグレーション。
フラックスと基板の界面に Cu 配線の露出部分から Cu が溶出していた。
（X 線分析顕微鏡、堀場分析センターより）

フラックスや基板に添加される元素で悪影響が懸念されるものには、塩素、臭素、アンモニア、硫黄などの元素イオンが知られている。これらの元素は、極微量でも影響を及ぼす。最近の市場故障の例では、ハロゲンフリー化された難燃材料に赤リンが存在し、高湿環境で Ag のマイグレーションを生じた例がある。鉛フリーはんだにおいても、常にどのような因子が影響するのかを見極めておくことが必要であろう。

イオン・マイグレーションの加速性を考えてみよう。加速因子として沢山の項目があるが、中でも印加電圧、温度、湿度があるだろう。すると、経験的に、

$$t_{im} = A \cdot V^{-n} \cdot \exp(Q/kT) \tag{13.1}$$

の関係式が成り立つ。ここで、V は印加電圧、A と n は係数、Q は活性化エネルギー、k はボルツマン常数、T は絶対温度である。湿度特性に関する項はまだ不明な点も多く、そもそもパラメータとして相対湿度は意味が無く、絶対湿度を取るべきとの議論もある。今後のさらなるデータの取得と整理が

望まれる。

　イオン・マイグレーションの抑制に関して、少しまとめておこう。影響因子に関してはすでに述べたが、温度、湿度、電気化学序列、pH、印加電圧、合金元素、フラックス残渣、基板からのイオン性溶出元素、付着する異物など多くの因子を的確に制御することが必要である。この中で、フラックス残渣として、ハロゲンの存在は一般に加速が著しいので要注意である。また、基板から溶出する可能性のある SO_4^{2-} や NH_4^- も、加速性がある。したがって、用いる基板の種類に大きく影響を受けることに注意が必要であり、どのようなイオン溶出特性を持っているかを予め知っておくことが望ましい。

　反対に、Cu のイオン・マイグレーションに対して抑制効果のあるビニルトリアジンが知られている。その効果は、Cu イオンの溶解度を増し対極へのイオン移動を抑制するものと言われている[8]。ベンゾトリアゾールやステア燐酸の添加効果も、Cu や Ag のイオン・マイグレーション抑制効果が報告されており、これは上記と違い電極表面の被覆効果であると推測されている[9]。

13.4　ガス腐食

　さて、電子機器のガス腐食に関する報告は少ない。はじめに、ここでもやはり Ag の腐食、特に硫化に関して紹介しよう。Ag は、装飾品で良く知られているが、大気中の硫化ガスと反応しやすい金属として知られている。表面に形成される化合物は AgS である。電子機器でも容易にこの現象が生じ、たとえば Ag めっきのはんだ付け阻害要因として知られている。その例が図 13.9 である。製鉄所での硫化は容易に想像できるが、通常の雰囲気に近いところでも Ag の硫化は起こりやすく注意を必要とする。

　Cu 板にディップはんだ付けした鉛フリーはんだに対して、一連のガス腐食試験を行った例がある[10]。図 13.10～図 13.12 には、それぞれ塩水噴霧試験、NO_2ガス腐食試験、大気暴露試験を行った結果を示す。塩水噴霧試験では、いずれのはんだもかなり腐食が進行しているが、元素分析の結果、Sn-Ag-Cu はんだは Sn が反応し、Sn-Zn 系は Zn、Sn-Pb 系では Pb が反応し

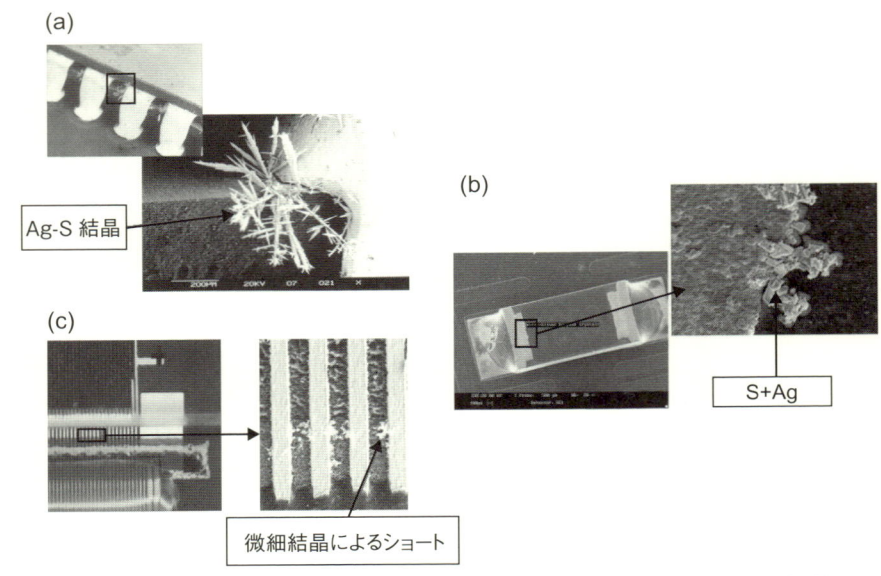

図 13.9　硫化により腐食された各種電子部品（英国 ERA Technology より）
(a) 鉄工所の機器に生じた IC 内部 Ag/Pd 厚めっきの硫化
(b) 硫化による断線、(c) ITO 接続部のショート

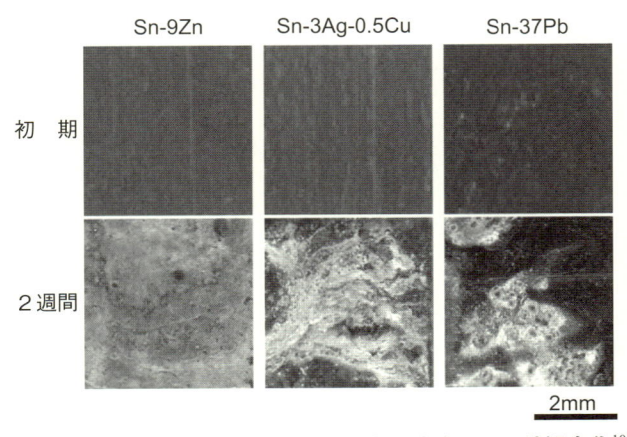

図 13.10　鉛フリーはんだの塩水噴霧試験による外観変化[10]
（JIS-C-0023、+35℃，塩水濃度：5 wt%）

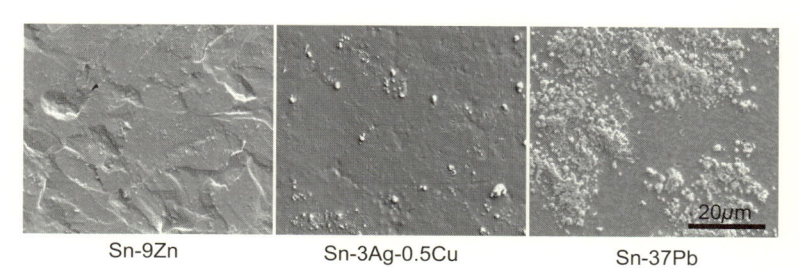

図 13.11 NO₂ 腐食性ガス試験：表面および断面観察[10]
（25 ℃ 75 %RH、1 ppm、300 時間）

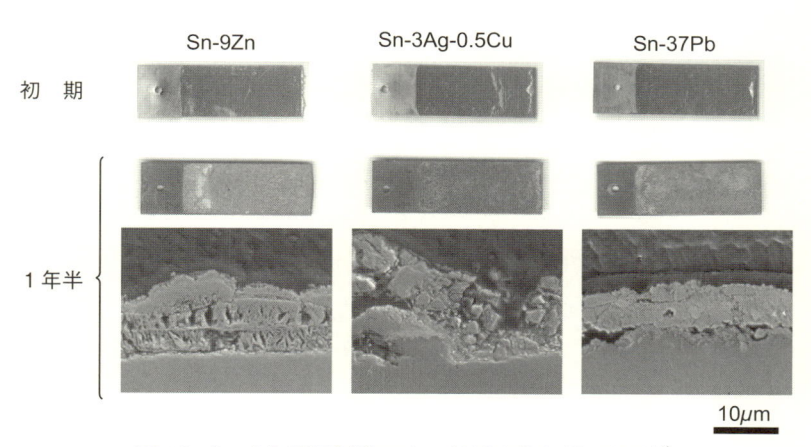

図 13.12 大気曝露試験による外観変化と断面組織[10]
（神奈川県平塚市東名道脇）

て塩化物を形成していた。NO₂ ガス腐食試験では、いずれも 1ppm NO₂ では多少の腐食は認められるものの、さほどの変化は認められない。50ppm NO₂ の腐食試験では、いずれも激しく腐食していた。大気暴露試験では、いずれもかなり激しい腐食になっている。Sn-Ag-Cu と Sn-Pb は Cu 基板まで激しく腐食しているが、Sn-Zn では、Sn-Zn が腐食を受けているものの Cu 基板は腐食をほとんど受けていない。Sn-Zn の犠牲防食作用が現れているものと言えるだろう。

13.4 ガス腐食

はんだ付け実装に対する腐食現象は、まだ報告された実例も少なく十分な標準的試験法の規定もない。表13.1には、JISに定められているいくつかの試験法に関して紹介した。通常の電子機器の使用環境では、それほど深刻なガス腐食は生じ得ないにしても、Agなどのように明らかにガス腐食を受けやすい電極がある。今後、車載機器などへの電子機器の応用展開が広まることを考えれば、可能性のある現象をうまく整理して予測することが必要であろう。

表13.1　代表的な腐食試験法のJIS（IEC規格は、相当するもの）

(a)　塩水噴霧試験

試験規格	塩水濃度 (mass%)	温度 (℃)	湿度 (%)	pH値	試験期間 (日)
塩水噴霧試験 JIS-C-60028-2-11 （IEC682-11）	5	35 ± 2	—	6.5～7.2	1, 2, 4, 7, 14, 28
塩水噴霧サイクル試験 IEC 60068-2-52 （IEC68-2-52）	5	噴霧: 15～35	—	6.5～7.2	噴霧、放置、およびサイクル数は厳しさ条件による
		放置: 40 ± 2	90～95		

(b)　単一ガス試験

試験規格	ガスの種類	ガス濃度 (ppm)	温度 (℃)	湿度 (%)	試験時間 (日)	備考
JIS C 0090, 91 （IEC 68-2-42, 49）	SO_2	25 ± 5	25 ± 2	75 ± 5	4, 10, 21	または、温度40 ± 2℃、湿度80 ± 5%
JIS H 8502		25 ± 5	40 ± 1	90 ± 5	1, 2, 4, 10	試験時間は他に 4、8時間あり
		1000 ± 50	40 ± 1	90 ± 5	1, 2, 4, 10	
JIS C 0092, 93 （IEC68-2-43, 46）	H_2S	10～15	25 ± 2	75 ± 5	4, 10, 21	または、温度40 ± 2℃、湿度80 ± 5%
JIS H 8620		3 ± 1	40 ± 1	90 ± 5	4, 10, 21	試験時間は他に 4、8時間あり
		10 ± 2	40 ± 1	90 ± 5	4, 10, 21	

13.5 各種試験方法

イオン・マイグレーションを初めとする高温高湿試験方法を簡単に紹介しよう。

まず、簡易試験法として、脱イオン水滴下試験（WD法、water drop test）、希薄電解液浸漬法、ろ紙給水法などがある。図 13.13 には、JIS 標準櫛形基板と WD 法を示す。

実基板を用いた評価には、高温高湿試験、温度サイクル試験、温湿度サイクル試験、結露サイクル試験、HAST（highly accelerated temperature and humidity stress test, 不飽和のプレッシャークッカー試験）などが行われる。これらの加速試験で、まず注意しなければならないのが、温度を上げることではんだ中や接続界面で生じる現象が変化する可能性があることである。これは、第 6 章でも述べたが、室温近くでははんだの粒界拡散が主体に変化が生じるのに対して、100℃近くの高温になるとバルク中の拡散が活性化される。腐食反応と拡散は切っても切れない関係なので、この点の曖昧さは、本来あってはならない。室温近くの寿命予測に加速試験を行おうとすると、この差がまず気

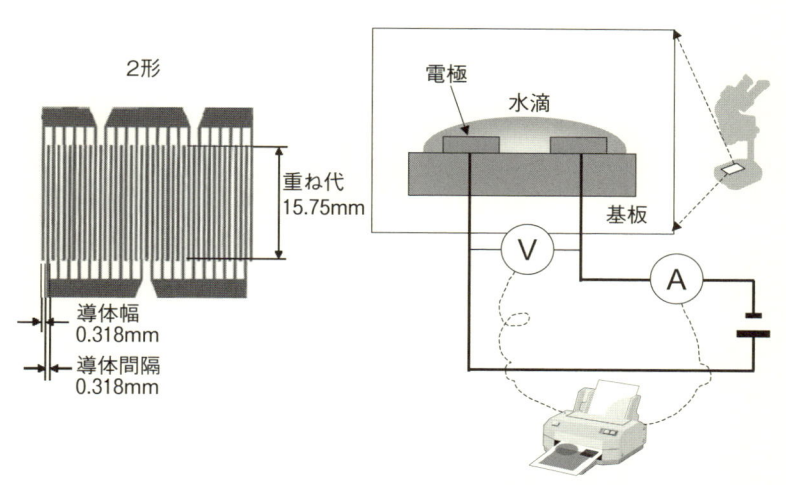

図 13.13 マイグレーション試験法に用いる櫛形電極 2 形基板（JIS Z 3197）(左) と WD 法 (右)

になる。残念ながら、現状では拡散メカニズムに関する情報は大変少なく、起こり得る現象を推測するだけに頼らざるを得ない。HAST 試験は短時間で試験を済ませるメリットは大きいが、上記に述べた理由で基板や配線、はんだに異常な負荷をもたらす可能性があるので、適用には十分に注意する必要がある。

　細かなことであるが、高温高湿試験などで定時抜き取りを行う場合には、扉の開け閉めで温度低下が生じるための結露を防ぐ必要がある。結露が生じると、まず間違いなく腐食反応が加速される。この結露を避けるためには、加湿を止めてから温度を下げることが望ましい。

　上記した簡易試験法は、簡単な実験設備で短時間にイオン・マイグレーションを生じさせることができる有用なものであるが、実基板で生じる現象を正確にシミュレーションできるとは言いきれない。つまり、これらの方法も、実際の機器で起こり得る現象を正確にシミュレートしているかどうか、不確かな部分を残している。実際、鉛フリーはんだ実装基板の高温高湿試験などでは、ほとんどイオン・マイグレーションが生じないのに対して、簡易試験法では短時間で発生している。このギャップを埋める努力が必要であり、反対にうまく現象を説明できるようになれば、簡易試験法ではさまざまなパラメータを容易に変更できるので有用な加速試験方法になると期待される。

参考文献

1) 安食恒雄監修『半導体デバイスの信頼性技術』日科技連出版社（2005）.
2) 菅沼克昭編著『ここまで来た導電性接着剤技術』工業調査会（2004）.
3) M. Komagata, G. Toida, H. Hocci, K. Suzuki: Adhesives in Electronics 2000, Helsinki University of technology,（2000）, 216-220.
4) K.-S. Kim, K. Suganuma: *J. Electron. Mater*, **35**[1]（2005）, 41-47.
5) G. T. Kohman, H. W. Hermance, G. H. Downes: *Bell System Technical Journal*, **34**[6]（1955）, 1115-1147.

6) 松村麻子、野口博司、岡田誠一：エレクトロニクス実装学会誌、**6**[7]（2003）、546-549.
7) 津久井　勤：エレクトロニクス実装学会、**6**[5]（2003），439-446.
8) つる義之、岡村寿郎、菅野雅雄：回路実装学会誌、**10**[2]（1995），101-107.
9) 鶴田加一、吉原佐知雄、白樫高史：回路実装学会誌、**12**[6]（1997），425-428.
10) 田中浩和、佐々木喜七、加藤能久、津久井　勤：エレクトロニクス実装学会誌、**6**[5]（2003）、400-405.

第14章

Sn ウィスカ

　Sn や Zn などの低融点金属は、電子機器の製造においてめっき材料、接続材料としての有用性が高い反面、低融点であるが故にウィスカ発生の問題を抱え、電子機器の数々の故障を引き起こしてきた[1]。1950 年から 1960 年代には、電話交換機などの社会インフラで機器故障が多発し、大変多くのウィスカに関する研究が為された。試行錯誤的に鉛を微量合金化させウィスカが抑制されたが、ウィスカ発生の基礎メカニズムは未解明のままに残された。2000 年以降の実装の鉛フリー化によって、再び民生品においても市場故障が頻発し、また、鉛フリーとは縁のない人工衛星、原子炉、あるいは、ペースメーカなどの本来故障があってはならない機器で故障が発生し、再び大きな問題としてクローズアップされてきた。図 14.1 には、スペースシャトルのフライト制御系に生じた Sn ウィスカの例を示す。

　低融点であることがウィスカ発生につながるのは、室温近傍でも原子の拡散が異常に速いためで、ちょっとした圧縮応力がめっき膜に掛かることで容易にウィスカが発生する。この圧縮応力の原因は電子機器が置かれる環境に依存する。ウィスカは根本的に、「偶発的・突発的で予測できない」現象であり、今日、世界の主立った大学や研究機関が最先端の解析技術を駆使して取り組んでいる。本章では、これまでに理解されている Sn ウィスカの発生メカニズムを整理し、評価に関するいくつかのポイントをまとめよう。

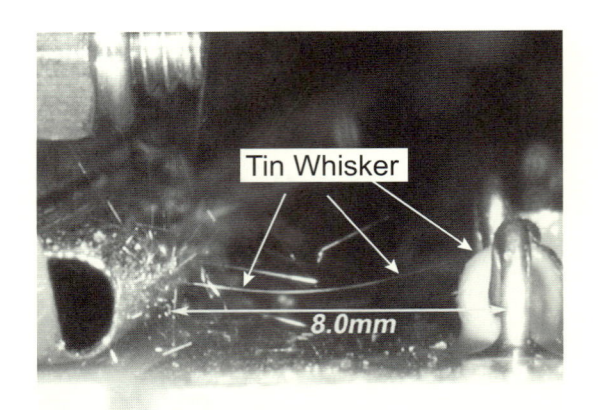

図 14.1　スペースシャトルの制御系で Sn めっきされたフレームに発生したウィスカ（NASA より）。最大長さ 13 mm に及ぶウィスカが見つかっている。

14.1　Sn ウィスカの発生に及ぼす 5 つの基本環境とウィスカの結晶学的理解

　ウィスカ発生・成長の基本的な駆動力は、室温付近での元素の異常に早い拡散である。何らかの環境影響で元素の拡散はめっき内部から表面へ向かい、めっき表面からウィスカを成長させる。この環境条件を整理すると、下記の 5 つのケースに分けることができる[2]。

　①室温におけるウィスカ
　②温度サイクルで発生するウィスカ
　③酸化・腐食で発生するウィスカ
　④外圧下で発生するウィスカ
　⑤エレクトロマイグレーションで発生するウィスカ

これらのいずれの環境条件もめっき内に圧縮応力を発生し、元素の拡散を促進する。本章では、これらの中で①〜④について述べるが、まず、成長のメ

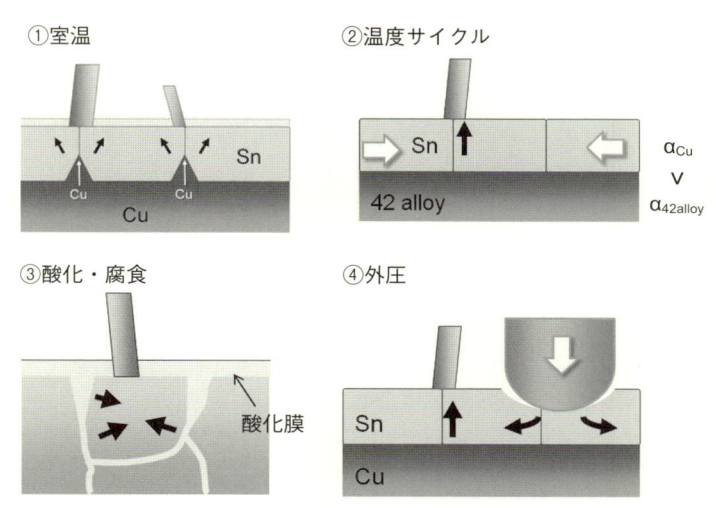

図 14.2　Sn ウィスカの 4 種類の発生メカニズム。
この他に、エレクトロマイグレーションウィスカがある。

カニズムを図 14.2 に図示しておこう[2]。

14.2　室温ウィスカの発生・成長

　室温で発生するウィスカは、直線的に成長し、時折キンクを生じる。図 14.3 には、典型的な室温ウィスカを示すが、残念ながら加速条件はなく、正に 25 ℃近傍の室温において最も早く成長する。室温ウィスカは、Sn めっき/Cu 界面に Cu_6Sn_5 化合物が形成され、その体積膨張によりめっき内に圧縮応力を生じさせることで発生する。また、ピラミッド状に成長する化合物がよりウィスカ成長を助長する。図 14.4 は、めっき Cu の Cu 表面に成長するピラミッド形状 Cu_6Sn_5 結晶の分布状態を示している。Cu_6Sn_5 は、Sn めっき粒界が Cu 表面に接する部分に沿ってきれいに配列して成長する。これは、Sn めっきの結晶粒界に沿って Cu 原子拡散が著しく早いためである。
　基板が Ni であると、Ni と Sn の化合物の成長は遅く、しかも板状であるのでウィスカは発生しづらい。Ni・アンダーコートがウィスカ抑制の効果を

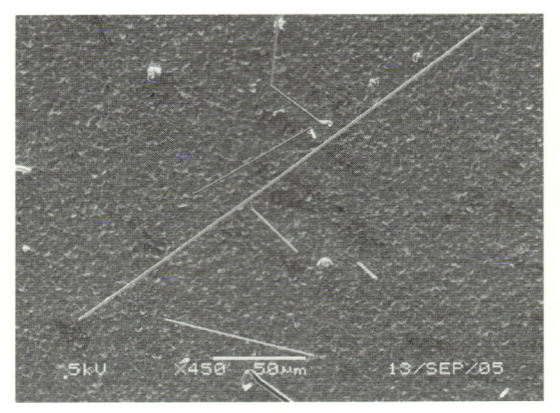

図 14.3　室温で Cu リードフレームに生じた Sn ウィスカ

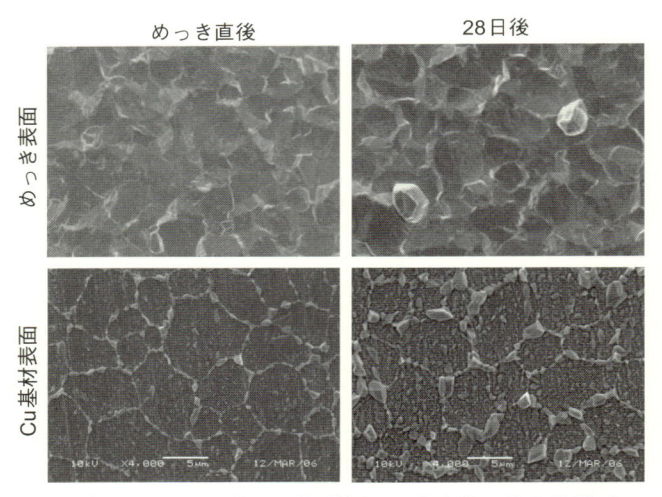

図 14.4　純 Sn めっきを施した銅基板上の化合物の分布状態（SEM）
（上段：めっき表面、下段：めっきを酸により除去した後に見られる組織）

持つのは、このためである。Sn との界面反応が進みにくい黄銅や 42 アロイでは、室温ウィスカは発生しない[3]。Cu を基材とする場合のウィスカ対策として、熱処理により界面全体に化合物を層状に形成し、Cu の拡散を遅くする技術がある。具体的には、150 ℃熱処理やリフロー処理は、室温ウィスカ

図 14.5　セラミック電子部品の電極に温度サイクルで生じた Sn ウィスカ

抑制に有効である。

14.3　温度サイクル（熱衝撃）ウィスカの発生・成長

　温度サイクルや熱衝撃で発生するウィスカは、Sn めっきと膨張差の大きな 42 アロイなどの低膨張率の電極やセラミックス部品を用いる場合に問題となる。つまり、温度変化により Sn めっきに圧縮応力が生じる間に（昇温過程）、ウィスカが成長する。図 14.5 に、セラミックス受動部品の電極に発生したウィスカの例を示す。温度サイクルウィスカの成長は、真っ直ぐではなく、ウィスカ成長方向の筋と太く屈曲した形状に伸びる。長年、このメカニズムは理解されていなかったが、詳細な組織評価の結果、図 14.6 に示すように Sn 粒界の割れと酸化が原因であることが解明された[4]。ウィスカの側面に、ちょうど年輪のように温度サイクルに対応した筋が形成されることも特徴である（図 14.7）。ちなみに、Cu リード部品は熱膨張係数が Sn に近いので、ほとんどウィスカを生じない。

　一般的な加速試験としては、低温側が－40℃、高温側が 80℃あるいは 125℃の温度サイクル試験で評価されるが、基材との組み合わせの影響も大きく、上限温度はこの範囲で設定することで良いだろう。アイリングモデル

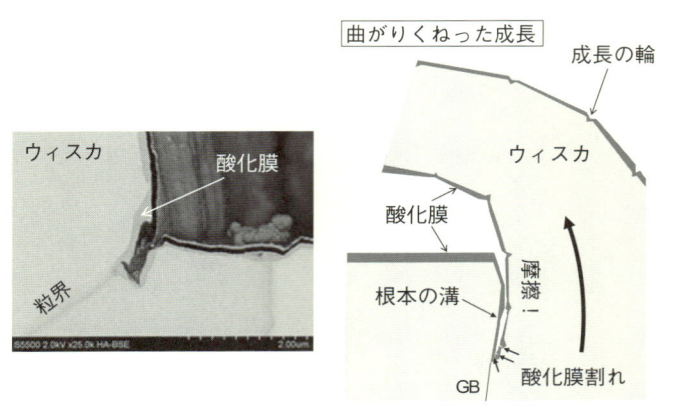

図14.6　左：大気中の温度サイクルで生じたウィスカ根本のSEM像とSn粒界の割れと酸化状態（SEM）　右：ウィスカ成長のメカニズム[4]

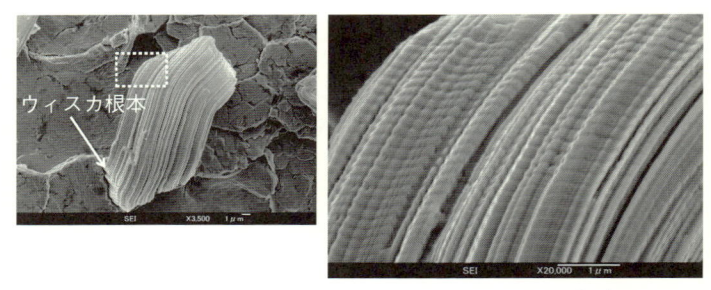

図14.7　大気中の温度サイクルで生じたウィスカ表面の"年輪"（1500サイクル）[4]
このウィスカは、1サイクルで200 nm延びている

を使ったセラミックスチップ部品めっきの寿命評価では、$50\mu m$の長さにウィスカが成長するには100年はかかると推定されている[5]。

14.4　酸化・腐食ウィスカの発生と成長

　前節で、室温で成長するウィスカには温度で加速されることはなく、多少の湿度は影響しないと述べた。ところが、環境にかなりの湿度があるとSn

の酸化が異常に進み、形成する酸化膜の不均質性からめっき膜へ応力が発生する場合がある。この酸化・腐食で生じるウィスカが、ウィスカ加速評価においてしばしば、ウィスカ感受性の評価で室温ウィスカと混同され、混乱を招いた時期があった。つまり、室温ウィスカの試験をしているつもりが、高湿雰囲気で酸化ウィスカが生じ、150℃のアニールやNiの下地コートなどのウィスカ抑制効果がないとの間違った判断である。ウィスカ評価の環境条件を明確に切り分けないために引き起こされた間違いであった。ウィスカ評価では、長期にわたる高温高湿試験において定期的に試験片を観察することになるが、温度・湿度の高い状態のまま試験槽を開けると途端に結露してしまうことがある。結露は、腐食を引き起こすので、定期観察では湿度を必ず下げてから試験槽を開けることを心がけねばならない。

では、図14.8 をご覧いただきたい[6]。これは、結露がない各種条件で高温高湿試験を実施したときの最大ウィスカ長さ変化を示している。室温放置ではウィスカは発生していないが、面白いことに85℃/85%RHの厳しい条件でもウィスカが生じていない。ウィスカが最も成長するのは、60℃/93%RHになる。また、酸化・腐食ウィスカの多くの場合に潜伏期間がある。2000時間までウィスカは発生せず、そこから成長を始めている例がある。実は、この条件ではSn-Pb合金めっきでも同じようにウィスカが発生してしまう。酸化に対しては鉛も効果がないことになる。もう一つ面白いことも報告されており、部品のみを単体試験した場合にウィスカ発生が観察されるが、

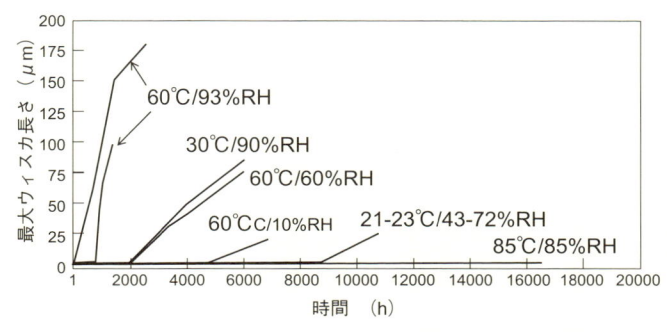

図14.8 各種環境におけるSnウィスカ発生成長の時間変化[6]

表 14.1　iNEMI で評価された腐食ウィスカ発生条件

温度（℃）	湿度（% RH）			
	10	40	60	85
30	N	—	N	C, W
45	—	—	C, W	—
60	N	N	C, W	C, W
85	—	—	—	C, W
100	—	—	C, W	—

N：腐食及びウィスカ発生無し、C, W：腐食とウィスカ発生有り

　基板実装した同じ部品を試験してもこの現象は起こらない場合がある。この差はまだ良く理解されていないが、実装に用いるフラックスは、残渣として表面を覆えば保護層としてウィスカ抑制へ効果を持つだろうが、反対に思わぬ腐食を引き起こしかねない懸念もある。めっきばかりでなくはんだ自体もウィスカが発生するので、部品単体ばかりでなく実装基板の接続点にも留意が必要になる。

　Sn より合金元素が酸化しやすい場合、合金元素が表面・界面や粒界へ拡散し、酸化する場合もある[7,8]。

　米国の iNEMI は、酸化腐食ウィスカについて各種条件における評価を通して、表 14.1 のような温度と湿度の影響を報告している[9]。腐食ウィスカ成長のモデル化も試みられているが、まだ完璧なものではなく、最大長の予測もできていない。フラックスや合金元素などによって酸化の状態は大きく変化するので、抑制策の可能性は期待できるだろう。実際、Zn の微量合金化の効果があることが示されている[9]。

14.5　外圧ウィスカの発生と成長

　さて、我が国において Sn ウィスカが鉛フリー化の途上で大きな問題になったのは、ファインピッチのコネクタであった。Sn めっきや Sn-Cu めっ

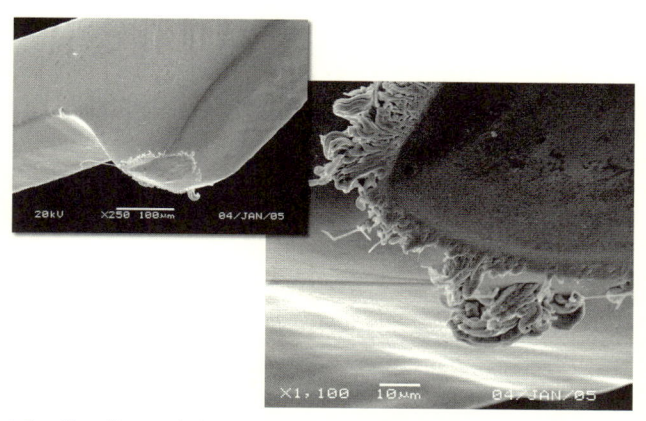

図 14.9　めっきコンタクト/Au フレキで発生した Sn ウィスカ（SEM）

きされた端子のフレキシブルケーブルとコネクタの接触部分で故障が生じたものである。1950 年代に大きな問題になっていたまったく同じ現象が、鉛フリー化で再び浮上してきたわけである。60 年前に、根本的なメカニズムを解決していなかったつけと言えるかもしれない。

図 14.9 は、Sn–Cu めっきされたコンタクト側に発生したウィスカを示す。まず、コンタクト先端部分の Sn めっきに、かなりの塑性変形が生じていることが見てとれる。接触点の周りにはノジュール状ウィスカが形成されている。Sn ウィスカは、このノジュールから発生しているものもあるが、接触点から少し離れて一見したところでは、無変形に見えるめっき表面からも多数発生する特徴的な組織を持つ。図 14.10 は、めっき種類、嵌合圧力、リフロー処理などのウィスカ発生へ及ぼす影響を示している[11]。リフロー処理も複雑に影響する。最近、有限要素法を用いた CAE により外圧ウィスカに対するさまざまなパラメータが予測されるようになっている[12]。Sn の双晶変形が影響することも報告されている[13]。

14.6　ウィスカ研究の今後

本章では、Sn ウィスカ発生成長に関する理解の現状を簡単に紹介した。

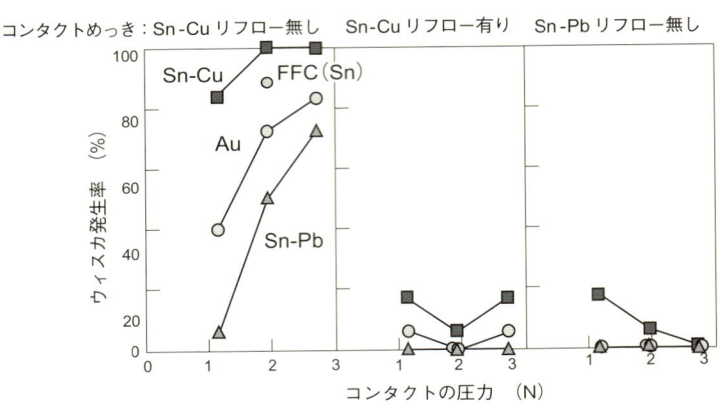

図 14.10　コネクタウィスカ発生への接触力の影響[11]
(各めっき厚 3 mm, Sn-1.5Cu/Ni, Sn-10Pb/Ni, フレキ厚さ 0.3 mm)

1950年代から1960年代にかけて、産業界、大学などの研究機関のウィスカのメカニズム解明へ向けた取り組みが為されたが、ほとんどメカニズムの理解には至らなかった。それが、2000年以降、実装の鉛フリー化とともにウィスカ問題が再発したことを受け、Snウィスカに対し最新の知識と先端装置を駆使した基礎からの取り組みが、世界中で始まった。これらに活動により、Snウィスカの発生メカニズムに対して多くの情報が得られ、また、ウィスカの基本成長原理によっていくつか抑制策も提案可能になりつつある。ただ、製品の信頼性の確保のためには、提案されている発生成長のメカニズム解明はもちろん、製品の寿命保証や信頼性試験方法の確立など難しい課題が残されている。特に、今後の鉛フリー化では、高信頼性が一層要求される車載機器、航空宇宙機器、あるいは、ヘルスケア・メディカル機器などの付加価値の高い産業分野がある。Snウィスカ発生の基礎メカニズムを含めて、汎用性の高いウィスカ対策など、今後の成果に期待がかかるところである。

参考文献

1) H. L. Cobb, Monthly Rev. Am. Electroplaters Soc., **33** (1946), 28-30.
2) 菅沼克昭『はじめての鉛フリーはんだ付けの信頼性』工業調査会 (2005).
3) 金槿銖，菅沼克昭，寄門雄飛，李奇柱，阿龍恒，辻本雅宣、銅と銅合金、**49** (2010), 122-115.
4) K. Suganuma, A. Baated, K.-S. Kim, K. Hamasaki, N. Nemoto, T. Nakagawa, T. Yamada, *Acta Materialia*, **59**[1] (2011), 7255-7267.
5) 岡田誠一、樋口庄一、安藤嘉浩；2003 年第 13 回 RCJ 電子デバイス信頼性シンポジウム資料、(2003).
6) J. W. Osenbach, J. M. DeLucca, B. D. Potteiger, A. Amin, F. A. Baiocchi; *J Mater Sci: Mater Electron*, **18** (2007), 283-305.
7) K.-S. Kim, T. Matsuura and K. Suganuma; *J. Electron Mater.*, **35**[1] (2006), 41-47.
8) K.-S. Kim, T. Imanishi, K. Suganuma, M. Ueshima, R. Kato; *Microelectronics and Reliability*, online 8 September, **47**[7] (2007), 1113-1119.
9) Jack McCullen, JIC Meeting, June 4-5, 2007, Singapore
10) 林田喜任、高橋義之、大野隆生、荘司郁夫；第 15 回マイクロエレクトロニクスシンポジウム (MES2005)、エレクトロニクス実装学会、(2005)、213-216.
11) 森内裕之；エレクトロニクス実装学会誌、**9**[3] (2006), 143-146.
12) 渋谷忠弘、山下拓馬、干強、白鳥正樹、萩生太一、大下文夫、大岩和久；第 16 回マイクロエレクトロニクスシンポジウム (MES2006)、エレクトロニクス実装学会、(2006)、199-202.
13) 水口由紀子，村上洋介，冨谷茂隆、浅井 正、気賀智也、菅沼克昭；電子情報通信学会論文誌、**J95-C**[11] (2012)、333-342.

第15章

エレクトロマイグレーション

　エレクトロマイグレーション（electromigration）は、長年の間、半導体の配線の深刻な欠陥形成としてメカニズムの解明、対策技術開発などが取り組まれてきた。その結果、ほぼ概要がつかめ、対策も可能になっている。その歴史は、1861年にまで遡り、大変古い。半導体配線の微細化に伴って、配線に流れる電流値は著しく上昇し、今日のVLSIではAlやCu配線の幅が$0.1\mu m$で$0.2\mu m$厚さ程度なので、1 mAの電流を流すとしても$10^6 A/cm^2$の大電流密度になる。このため、温度が少々上がるとエレクトロマイグレーションが容易に発生する。一方、はんだはどうであろう。これまでは接続部分は比較的大きく、ファインピッチでも$200\mu m$以上の直径を持っていた。ところが、半導体の微細化とともに接続点数も鰻登りに増加し、はんだ接続部の面積が小さくなる方向に進んでいる。特に、フリップチップ技術では、$100\mu m$程度の直径のバンプに0.2 Aほどの電流が流れ、これが最先端デバイスでは$50\mu m$直径にまで縮小される。そうすると、バンプに$10^4 A/cm^2$程度の大電流密度が生まれ、今後の大きな問題になるだろう。また、今日、電力変換に用いるパワー半導体は、高出力化、高温動作と同時に、小型化が急速に進みつつある。微細接続ばかりでなく、電力変換系にもエレクトロマイグレーションの影響を考慮しなければならない。

　そこで、本章では、はんだ接続部分におけるエレクトロマイグレーション

の概要を紹介しよう。まだ、十分な研究がなされているわけではないが、今後の対策への指針となることを期待したい。

15.1　はんだのエレクトロマイグレーションとは？

　エレクトロマイグレーションのドライビングフォースは、「電子風（electron wind）」であると言われる。図 15.1 をご覧頂くとイメージが湧くだろう。電子の強い流れが生じている場では、原子にその「風」が当たり流されるというモデルで、第 1 原理シミュレーションなどからこの効果が証明されている。

　電場 E 中の有効電荷 Z^* を持つ原子に働く力 F_{em} を考える[1]。すると、

$$F_{em} = Z^* eE \tag{15.1}$$

が得られる。ここで、e は電子の電荷である。金属の場合は電場の下で電流が流れるので電場は電流値 j と抵抗値 ρ の積になり、

$$F_{em} = Z^* e\rho j \tag{15.2}$$

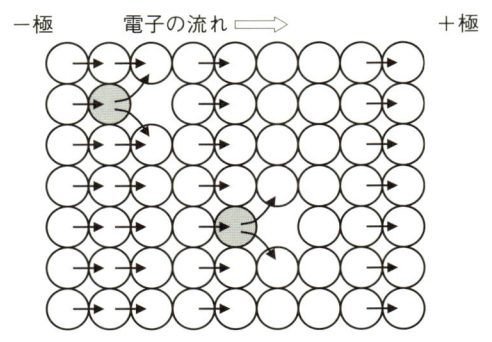

図 15.1　エレクトロマイグレーションでは電子の強い流れが原子の拡散を後押しする。灰色の原子が「電子風」によって空孔へ引きずられ、拡散する。

となる。「Z^*」は判り難い変数であるが、「散乱断面積」とでも言った方がよく、電子が原子に衝突してどの程度の運動エネルギーが移動するかの目安になる。これをもとに原子のフラックスJ_{em}（単位時間に単位面積を通過する原子数、原子/cm^{2}秒）を求めると、

$$J_{em} = C(D/kT)F_{em} = C(D/kT)Z^*e\rho j = n\mu_e eE \tag{15.3}$$

となる。ここで、Cは単位体積あたりの原子密度、nは単位体積あたりの電子密度、(D/kT)は原子の移動度、μ_eは電子の移動度、Dは拡散係数、kはボルツマン定数、Tは絶対温度である。なお、ここではクーロン力は小さいものとして無視している。Dは、前章で述べたように温度の関数になる。(15.3)式を使い、ある時間でどの程度の原子が移動するかが予測できる。したがって、たとえば原子が移動した跡に格子に穴が空き、これが集積してボイドが形成されるので、はんだの破断が上式で予測できることになる。

　LSIのAlやCu配線の場合、エレクトロマイグレーションが問題となる電流密度は、10^5から10^6A/cm^{2}であるとされるが、はんだの場合、さらに低い電流密度の10^3から10^4A/cm^{2}で生じることが分かっている。両者の配線太さのオーダーが違うが、現状のファインピッチ接続で十分に問題になると言えるだろう。

　上式に示されるように、エレクトロマイグレーションではもともとの原子の拡散速度が影響する。Sn中の拡散が早い原子としては、Cu, Ag, Niなどが知られており、これらの電極を用いると、エレクトロマイグレーションがはんだにとって深刻な問題になり得る。これらの原子の拡散速度が異常に速いのは、もともとのSnの結晶格子に溶け込めず、格子間を移動するためである。Snは、結晶がBCT構造といって、比較的隙間の多い構造になる。このため、Sn格子の隙間を縫ってNiなどが高速に拡散するわけだ。

15.2　接合界面への影響

　エレクトロマイグレーションは、それ単独で生じるものではなく、必ず熱

的に活性化される拡散、温度勾配で活性化される拡散、応力場で活性化される拡散などの影響を同時に受ける。このため、複雑な実装の形態を考える場合は、これら各種因子の影響を明確に分けて考察しなければならない。

まず、単純な系の界面の例を紹介しよう。図 15.2 は、Sn/Ag/Sn のサンドイッチ型接続界面でのエレクトロマイグレーションの影響を示す[2]。電子は、左から右へ流れている。左の界面では金属間化合物層が厚くなり、反対に右側では薄くなっている。このようにプラス側とマイナス側で化合物の成長に差が出るのは、熱拡散とエレクトロマイグレーションによる拡散の和と差の違いによる。つまり、左側は、熱による化合物成長の方向とエレクトロマイグレーションによる拡散促進で化合物成長の方向が一致し、化合物が厚く成長する。一方、右側では両者が相殺するように働くために薄いままになる。リフローはんだ付けにより形成した反応層が、エレクトロマイグレーションの影響が大きく、場合によって消えてしまうこともある。図 15.3 はこの例で、Sn-Ag-Cu ボールではんだ付けした対面電極の金属間化合物の状態を示している[3]。この場合、－側の電極の化合物が消失し、＋側が厚くなっている。

Sn 系のはんだ付け界面では、ほぼエレクトロマイグレーションの影響が

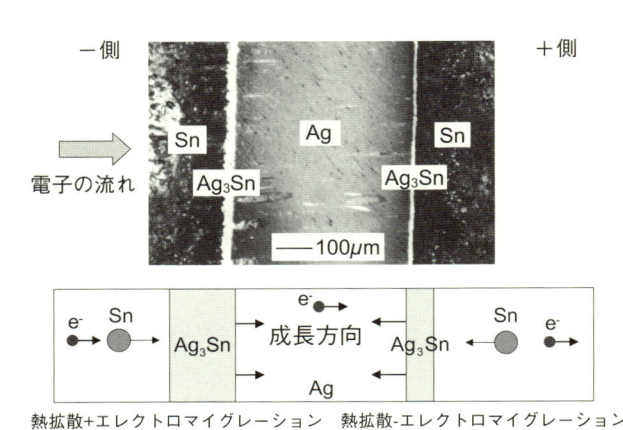

図 15.2 Sn/Ag/Sn 接合界面に電流が流れた場合の界面組織の変化[2]
（140 ℃、500A/cm^{2}の条件で 15 日経過）

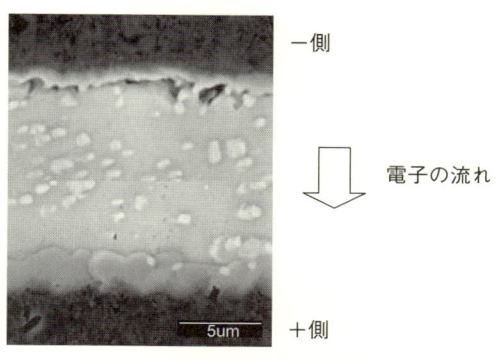

図15.3　Sn-3.8Ag-0.7Cuボール接続部の界面組織へ及ぼすエレクトロマイグレーション[3]
（$4 \times 10^4 \text{A/cm}^2$、150℃で35分後の組織）

現れるが、Zn/NiやBi/Ni系では現れないと言われる。Sn/Ni系とSn/Cu系の比較をすると、界面化合物の成長に差が見られる。これは、前者ではNiとSnの拡散の両方が効果を持つのに対して、後者ではCuの拡散が主役になるからである。

　温度によって、拡散の主役が交代する可能性もある。図15.4は、2つのCu電極をSn-Pb共晶はんだで接続し、そこへ温度を変えて電流を流した場合のSn組成の変化を比較している。いずれも組成が変化しているが、室温ではSnが＋側へ拡散し、150℃ではPbが＋側に拡散している。これは、すなわち温度によって拡散の元素が入れ替わったことを示している。

15.3　フリップチップ接続のエレクトロマイグレーション

　エレクトロマイグレーションが最も問題になるのは、高集積化とファインピッチ化が進むフリップチップ接続である。特に、発熱による温度の上昇が重なり、現象に拍車がかけられる。フリップチップの場合、さらに特徴的な形状を持った接続になる。電流が接続部分に流れ込む状況を計算すると、図15.5のようになる[3]。この章の冒頭で、フリップチップに流れ込む平均的な電流値を計算すると10^4A/cm^2程度になると言ったが、局所的に見るとはん

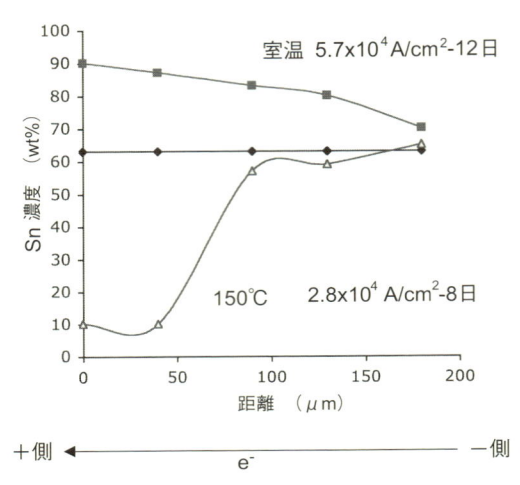

図 15.4　Sn-37Pb はんだ接続部の Sn の濃度分布
（UCLA の K.N.Tu 教授より）

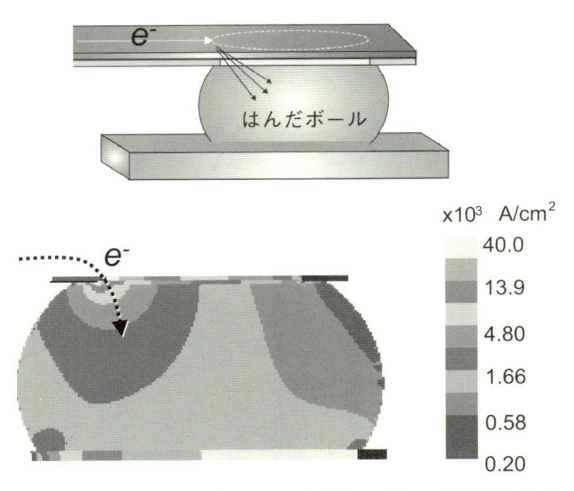

図 15.5　フリップチップボール接続部に現れる電流密度分布[3]

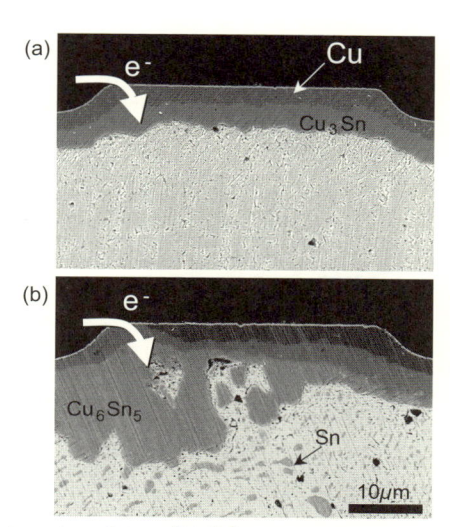

図 15.6　Pb-3Sn のフリップチップ接続部で生じたエレクトロマイグレーション（2.55×10^4 A/cm^2, 155 ℃）[4]　(a)初期、(b)12 時間後

だに流れ込む肩の部分では、さらに電流密度が高くなる。このために、欠陥の形成は電流密度の高くなる部分に集中することになる。図 15.6 には、これが化合物の成長として現れた例を示す[4]。Cu 配線が電流密度の高い左肩の部分でほとんど消失し、そこで化合物が著しく成長することがわかる。さらに図 15.7 には、ボイド形成になって影響が現れた例を示す[3]。この場合は、電流密度の高い部分から Sn が拡散してしまうため、格子に空孔が生じ、これが集まってボイドになって成長する。このボイド成長は、はじめボールの肩に始まって電極界面に沿って横方向へ広がって行く。横に広がるのは、この電流のパスでは常にボイドの右肩に電流が集中するためである。図 15.8 は、ボイド成長メカニズムを示す。

β-Sn は異方性を持つ結晶なので、原子の拡散は結晶方位により大きく影響を受ける。この性質は、微細接続部分になるほど影響してくる。つまり、微細なボール接続になると、ボール自体がほとんど数個の結晶になるので、その向きによってエレクトロマイグレーションの効果が異なることになる。図 15.9 は、その典型的な例を示す[5]。この例では、同一のフリップチップの

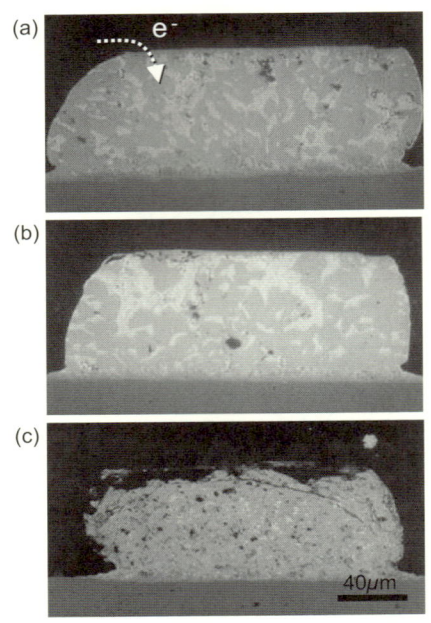

図 15.7　Sn-Pb はんだ接続バンプの 125℃におけるボイド成長（$2.25 \times 10^4 \text{A/cm}^2$）[3)]
(a) 37 時間、(b) 38 時間、(c) 43 時間

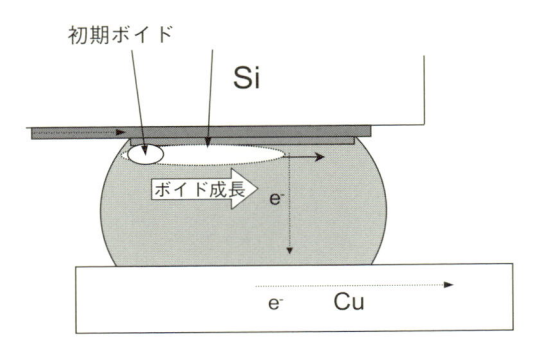

図 15.8　フリップチップのエレクトロマイグレーションでボイドが成長するメカニズム[3)]

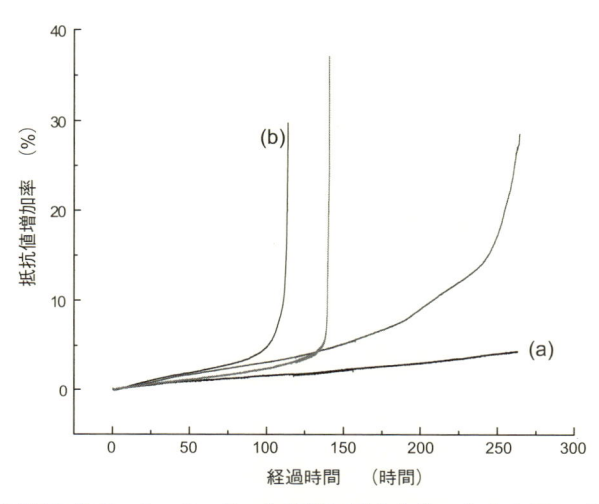

図 15.9 同じ TEG の Sn-Ag-Cu ボール接続に見られるエレクトロマイグレーション寿命のばらつき[5]（電流密度：15 kA/cm^2、温度：160℃）

ボール接続で、それぞれの寿命がまったく異なるが、実際このような例は多い。エレクトロマイグレーション後の断面組織から、(b)のボール接続部は、下部の Cu 配線が完全に消失したことが分かった。その EBSP 解析から、はんだボール内部の Sn の結晶方位に関する情報が得られ、図 15.10 に示されるように、(b)のボールでは Cu の拡散が速い c 軸が電流方向に平行になっており、長寿命のボール(a)では、c 軸が電流方向に垂直になっている。小さなボール接続では、このような粗大な結晶粒子が現れ、異方性が大きくエレクトロマイグレーション劣化に影響を与えることになる。

15.4　エレクトロマイグレーションのまとめ

はんだのエレクトロマイグレーションはかなり前から知られていた現象だが、それが現実味を帯びてきたのは、やはり高密度化、ファインピッチ化と、発熱が深刻になってきたからだろう。一般に、Sn-Pb 共晶はんだより鉛フリーはんだはエレクトロマイグレーションが起こりにくい材料とされてい

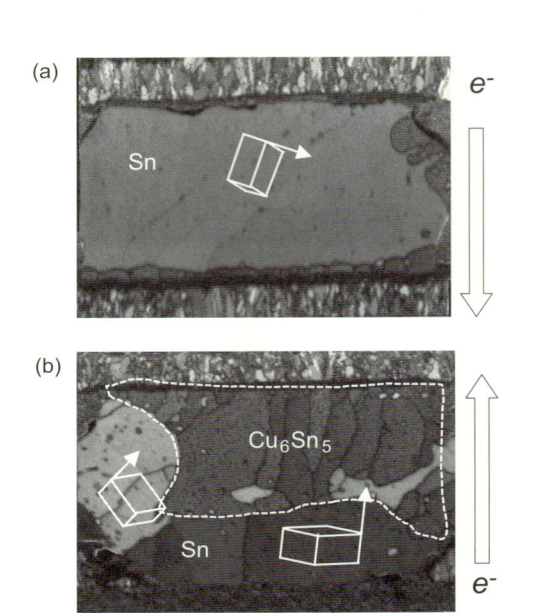

図 15.10　図 15.9 のはんだバンプの断面の EBSP 解析[5]
立方体の矢印は Sn の c 軸方位を示す。(a)破断に至らないバンプ。Sn 結晶粒は一つで、c 軸が電流方向に垂直方向を向いている。(b)早期破断バンプ。Sn 結晶粒は 2 個有り、一つが c 軸が電流方向に平行になっている。下の Cu 配線が消失した。

る。一つ、対策として言えることは電流密度を高くしない接続設計を心掛けること、また、材料開発の立場から可能なことは、電流方向に c 軸を向けない工夫をすることがあるだろう。その一つの例として、Sn に In を合金化する例が報告されている[6]。図 15.11 には、Sn-In 合金の In 量を変化させた場合の Cu/Sn-In/Cu 接合体の抵抗値変化を示す。純 Sn の破断時間は短く、結晶粒は粗大である。これに対し、In を増やすほど結晶粒は著しく細かくなり、同時に寿命は延びている。このように、結晶方向を揃えることはできなくとも、結晶粒を微細化することで c 軸方向が電極間に連なることは防げるので、エレクトロマイグレーション対策となり得ることが分かる。In に限らず、ユニバーサルな合金設計に期待をしたいところである。

　はんだのエレクトロマイグレーションには、まだまだ理解されていない部分が多く残されている。ボイドの核生成と成長の速度予測は、まだ明確にさ

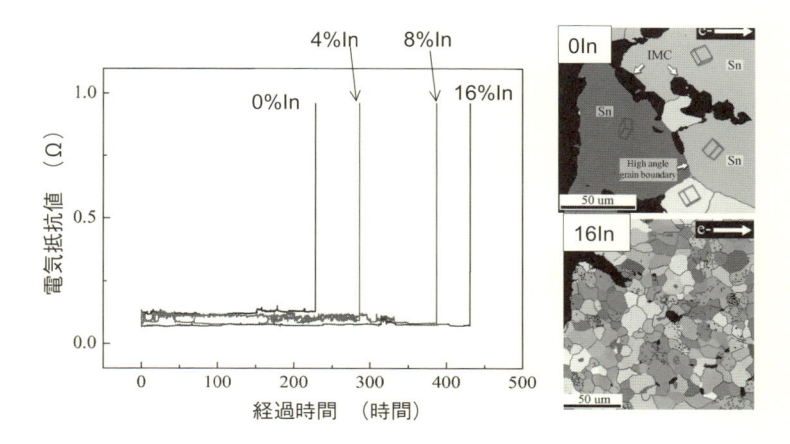

図15.11　Sn-In/Cu接続界面に生じるエレクトロマイグレーション劣化のEBSP解析[6]
（電流密度：10^4A/cm^2、温度：140℃）

れていない。化合物の成長が寿命を左右する場合もあるだろう。それぞれの欠陥成長の速度係数を求め、寿命予測へつなげることが必要だ。いたずらに心配することはないが、エレクトロマイグレーションの影響が現れる条件を明確にし、接続の信頼性を確保したいものである。

参考文献

1) H. B. Huntington, A. R. Grone : *J. Phys. chem. Solids*, **20**, (1961), 76-87
2) C.-M. Chen, S.-W. Chen : *J. Electron. Mater.*, **28**[7] (1999), 902-906
3) K. N. Tu : *J. Appl. Phys.*, **94** (2003), 5451-5473.
4) J. W. Nah, K. W. Paik, J. O. Suh, K. N. Tu : *J. Appl. Phys.*, **94** (2003), 7560-7566.
5) K. Lee, K.-S. Kim, K. Suganuma, Y. Tsukada, K. Yamanaka, S. Kuritani, M. Ueshima ; *J. Mater. Res.*, **26**[3] (2011), 467-474.
6) K. Lee, K.-S. Kim, K. Suganuma ; *J. Mater. Res.*, **26**[20] (2011), 2624-2631.

おわりに

　本書では、鉛フリーはんだを中心に、はんだ付けの基本事象から実装におけるさまざまな信頼性項目に関して紹介した。2000年以降、従来理解が至らなかった多くの現象に対し、世界中の優れた研究者が最新の解析技術と理論的なアプローチにより解明を試み、不可解な現象であったのが説明可能にまでなっている。それらは、ブラックパッドやウィスカであり、エレクトロマイグレーションであり、また、新たな信頼性評価方法でもある。特に、ウィスカは50年以上も人々を悩ませてきた現象である。それが、この数年の集中的な解析によって、かなりの部分が解明されている。これらの貴重な情報を基礎として、いかにして新世代機器の信頼性を向上させ保証するかが、これから市場へ供出される新たな製品群の高付加価値化の鍵になるだろう。

　実装の鉛フリー化においては、皆が慎重で何か起こり得るか注意深く観察しながら物造りを進めてきた。この状況の中で、信頼性の評価技術が如何に重要であるかが再認識されたと言っても過言ではない。信頼性評価に対する切実な要求とともに、その技術的進歩、信頼できるデータベースの確立も着実に達成されつつある。ただ、物造りの早さに信頼性評価技術の確立が間に合わない状況も現実にある。本書でいくつか紹介したが、実はまだまだ解決しなければならない難題も残されている。

　日本ばかりでなく、西欧諸国、米国などのすべての先進国は、物造りの現場が製造原価の安い国々へ移り行き、それに歯止めをかけようと悩み苦しんでいる。日本の目指す技術開発は、我が国の土俵の中だけにあるのではなく、常に同じ状況に喘いでいる欧米との鍔迫り合いがあり、さらには、技術的にも躍進が目覚ましい韓台とも競い合っている。特に、実装に総力を注ぎ込んでいる韓国、台湾、中国などのアジア勢は、新技術開発でも大いに勢いを増している。

実用化推進技術は、学問的基礎と決して切り離せるものではなく、表裏一体の間柄にある。特に信頼性解析と保証においては、メカニズムの理解が無くしては新たな解決を得ることが困難である。この点、米国や欧州では、産学官の共同体制が大変活発に動き、新技術開発と信頼性評価技術開拓の両面に力を注いでいる。日本は、これまで物造りでは先行してきたが、その物造りが危機的状況にあり、さらに信頼性の評価においては欧米に遅れがちであったことは、大きな痛手と言える。もちろん、今すぐにこれらを挽回しなければならないが、そのためにはさらなる努力と工夫、そして、何よりも的確な目標設定が必要である。

　最後に、物造りの技術力と信頼性解析の力が必須である新たな技術開発面として、これから切り開かれるべき技術領域を挙げると、

　超ファインピッチ（50μm以下）
　高周波利用領域（数十GHz）
　高強度実装技術（耐クリープ、耐熱機械疲労）
　低温はんだ技術の確立（100℃実装）
　超高温はんだの確立（250℃耐熱）

になるだろう。いずれも、チャレンジングな難題である。時代を先取りし、世界の実装をリードするためにも、これらの鍵となる障害あるいは新たに開拓すべき技術領域を的確に見いだし、いち早く解決し、自ら新しい時代の流れを作れることをひたすら願うばかりである。

索　引

A－Z

ACF　164
Ag₃In　40
Ag₃Sn　29, 35
Arrhenius model　125
bathtub curve　119
black pad　92
CAF　163, 167
Coffin-Manson の関係式　152
conductive anodic filaments　163
Cu₃Sn　86
Cu₆Sn₅　31, 35, 86
D5　128
E3　128
E4　128
electromigration　191
electron wind　192
ELV　9
ENIG　92
Eyring model　127
fault tree analysis　121
FDR 理論　89
Flux-driven Ripening　89
FTA　121
Galvanic corrosion　163
IEC 規格　127
InSn₄　40
ISO　127
JEDEC 規格　127
JEITA 規格　127
JPCA 規格　127
Kirkendall void　88
Low cycle fatigue　152

MIL 規格　127
MTBF　118
MTTF　118
Ni₃Sn₂　92
Ni₃Sn₄　92
Pb 汚染　64
precipitation　89
P リッチ層　95
RA　77
RMA　77
RoHS　8
scallop　86
screening　119
Sn ペスト　19
Sn-Ag　28
Sn-Ag-Bi　37
Sn-Ag-Cu　31
Sn-Ag-In　40
Sn-Bi　44
Sn-Cu　41
Sn-Pb 共晶はんだ　13
Sn-Sb　48
Sn-Zn　47, 137
spalling　90
water drop test（WDT）　169, 175
wave soldering　99
WD 法　175
WEEE　8
Weibull Statistics　122
Young-Dupre の式　74

あ　行

アイリング・モデル　127
α-Sn　21

α相　20
アレニウス　132
アレニウス・モデル　125
イオン・マイグレーション　163, 167
位置母数　123
ウィスカ　163, 187
ウェッティング・バランス　80
エージング　120
液相線　15
エレクトロマイグレーション　191
温度サイクル　112, 151, 155

か　行

カーケンドル効果　111
カーケンドルボイド　88
界面反応　85
過共晶　17
拡散　132
ガス腐食　171
加速係数　125
ガルバニック腐食　163
過冷　21
機械疲労　151
凝固割れ　59
共晶　15
金属間化合物　111
偶発故障　119
クリープ　143
形状母数　123
高温放置　132
格子拡散　133
格子間隙拡散　133
高湿環境　161
固液共存　56
固液共存領域　15
故障解析　122
故障率　117, 118
固相線　15
固相反応　87
固溶体強化　18

さ　行

尺度母数　123
晶出　89
状態図　13
初期故障　119
初晶　17, 34, 53
浸食　101
信頼性　109
信頼度　118
スクリーニング　119
ストレス-ストレングスモデル　120
スポーリング現象　90
静滴法　74
接触角　75
ゼロクロスタイム　81

た　行

体積拡散　133
脱イオン水滴下試験　169, 175
タッキング力　103
低サイクル疲労　152
定常クリープ　144
電子風　192
デンドライト成長　56
導電性接着剤　164

な　行

2次クリープ　144
ぬれ時間　81
ぬれ性　73
ぬれ力　81
熱活性化過程　125
熱疲労　151, 155
熱衝撃　155

は 行

バスタブ曲線　119
バーンイン　120
引け巣　59
表面エネルギー　74
表面張力　75
広がり試験　81
フィレットはく離　55
付着仕事量　74
フラックス　77
ブラック・パッド　91
ブリッジ　101
フリップチップ　195
フローはんだ付け　99
ブローホール　101
β-Sn　21

ま 行

マスク開口率　103
摩耗故障　119
メニスコグラフ　80

や 行

予熱　100

ら 行

ラメラ組織　17
ランド剥離　61
リフトオフ　54
リフローはんだ付け　103
累積故障率　122

わ 行

ワイブル係数　123
ワイブル統計　122

菅沼克昭（すがぬま・かつあき）

大阪大学産業科学研究所教授
専門は、材料工学、実装工学
栃木県宇都宮市出身、1955年1月17日生。1977年東北大学工学部原子核工学科卒、1982年東北大学工学系大学院原子核専攻博士課程後期課程修了、1982年大阪大学産業科学研究所助手、1986年防衛大学校助教授、1996年より現職。趣味は読書、音楽鑑賞、写真、愛犬。
著書に、『鉛フリーはんだ付け技術』工業調査会（2001）『はじめてのはんだ付け』工業調査会（2002）、『はじめての鉛フリーはんだ付け信頼性』（2005）、『ここまできた導電性接着剤技術』編著、工業調査会（2004）、"Lead-free soldering in electronics" Ed. By K. Suganuma, Marcel Decker（2006）、『鉛フリーはんだ技術・材料ハンドブック』編著、工業調査会（2007）、『プリンテッド・エレクトロニクス技術』共著、工業調査会（2009）、『プリンテッド・エレクトロニクス技術最前線』監修、シーエムシー出版（2010）がある。

鉛フリーはんだ付け入門

2013年6月18日　初版第1刷発行　　［検印廃止］

著　者　　菅沼克昭

発行所　　大阪大学出版会
　　　　　代表者　三成　賢次

　　　　　〒565-0871　大阪府吹田市山田丘2-7
　　　　　　　　　　　大阪大学ウエストフロント
　　　　　TEL　06-6877-1614
　　　　　FAX　06-6877-1617
　　　　　URL：http://www.osaka-up.or.jp

印刷・製本　　尼崎印刷株式会社

Ⓒ Katsuaki SUGANUMA et al. 2013

Printed in Japan

ISBN 978-4-87259-451-5 C3045

Ⓡ〈日本複製権センター委託出版物〉
本書を無断で複写複製（コピー）することは、著作権法上の例外を除き、禁じられています。本書をコピーされる場合は、事前に日本複製権センター（JRRC）の許諾を受けてください。
JRRC〈http://www.jrrc.or.jp　eメール：info@jrrc.or.jp　電話：03-3401-2382〉